高等院校室内与环境艺术设计实用规划教材

室内装饰工程与构造

孟春荣　主　编

王卓男　高颂华　李　楠　副主编

清华大学出版社

北　京

内 容 简 介

本书主要介绍室内装饰工程与构造的主要内容、基本概念及各工程装饰界面的基本构造原理及其一般施工工艺。通过多维角度的理论讲授与实践训练，以及实际工程的案例分析，可使学生对室内装饰各个界面的构造设计及施工工艺等知识有初步的认识并能够将它有效地运用到工作和生活中。

多维一体的课程讲授模式是本书的一大特色，学习本书有助于快速提高学生对繁缛复杂的工程构造图及施工图的感性认知能力，提高学生理论与实践相结合的应用能力，为今后的专业学习打下坚实的基础。

全书图文并茂，深入浅出，除可作为普通高等艺术院校环境设计专业的教学用书之外，还可作为相关室内设计、施工等相关人员的培训教材及从事室内环境设计专业的业内人士的自学教材。

图书在版编目(CIP)数据

室内装饰工程与构造/孟春荣主编. —北京：清华大学出版社，2016（2021.1重印）
(高等院校室内与环境艺术设计实用规划教材)
ISBN 978-7-302-43669-0

Ⅰ. ①室…　Ⅱ. ①孟…　Ⅲ. ①室内装饰—建筑工程—高等学校—教材　Ⅳ. ①TU767

中国版本图书馆CIP数据核字(2016)第084787号

责任编辑：桑任松
装帧设计：刘孝琼
责任校对：周剑云
责任印制：沈　露
出版发行：清华大学出版社
网　　址：http://www.tup.com.cn，http://www.wqbook.com
地　　址：北京清华大学学研大厦A座　　**邮　　编**：100084
社 总 机：010-62770175　　**邮　　购**：010-62786544
投稿与读者服务：010-62776969，c-service@tup.tsinghua.edu.cn
质量反馈：010-62772015，zhiliang@tup.tsinghua.edu.cn
课件下载：http://www.tup.com.cn, 010-62791865
印 装 者：涿州汇美亿浓印刷有限公司
经　　销：全国新华书店
开　　本：190mm×260mm　　**印　张**：12　　**字　数**：287千字
版　　次：2016年8月第1版　　**印　次**：2021年1月第2次印刷
定　　价：39.80元

产品编号：066776-01

Preface 前言

本书是为了迎合更具感性思维的艺术类院校学生的心理特征而编写的一部多维一体化立体模式教材。“室内装饰工程与构造”课程是目前所有学习室内环境设计专业的学生必修的一门主干基础课程，也是从事本专业的行业人员必须了解或掌握的一门学科领域。艺术类学生的感性思维往往大于理性思维，对于事物或知识的认知方式更善于以感性思维的形式接受。“室内装饰工程与构造”是一门涉及面广、实践性强、应用性强的艺术与技术的综合体，本课程的知识结构特点就艺术与技术而言更加偏重后者，而目前撰写、出版的该类教材基本上都偏重技术，即偏重理工科类，这让感性思维强于理性思维的艺术类学生学习起来有些力不从心。本书的编写目的就是改变现状，即除了更新已陈旧、过时的构造方法及工艺知识点外，还要将由复杂的线条和数据组成的构造与施工图的体现形式更加艺术化、直观化。例如，改变以往静态的构造剖面示意图为三维透视图并赋予仿真材质，使其更具有识读性；改变以往静态的施工图为动态的三维动画，将难懂的施工图变为能够随时可分解的图块，使其更易于记忆与理解；改变以往由理论讲授为主导的课程体系为以实践为基石的实际工程案例的讲授，融入大量的施工案例，案例中的构造原理及施工要点尽量以完整的装饰工程操作流程图片的形式来体现；尽量以施工现场实地拍摄的图片代替文字说明，使其内容深入浅出，直观易懂；每章最后通过播放实际工地拍摄的视频并配以教师现场解说的形式进行课程总结，利用该教学手段调动学生的视觉和听觉等器官，以达到最佳的教学效果。本书的编写坚持“以干中学，专业理论知识以必需、够用为度”的原则，着重培养学生的动手能力，力求达到学以致用的最终目的。本书中所采用的三维透视构造示意图的制作已经完成并在书中体现，与每章内容配套的实践工程视频与动画部分如有需要请与作者联系。

本书共计8章，编写分工如下：李楠编写第1章；田华编写第2章；顾艳秋编写第3章；孟春荣编写第4～7章；孟春荣、李楠共同编写第8章。三维透视构造示意图由王卓男、孟春荣绘制；动画由高颂华制作。本书由孟春荣担任主编，王卓男、高颂华、李楠担任副主编。

本书在编写过程中，得到了施工单位、所有参编人员和家人的大力支持与协助，还得到了清华大学出版社的大力支持，在此一并表示衷心的感谢。

由于编者水平有限，书中难免存在缺陷和不足之处，恳请有关学者、专家和广大读者批评指正。

编　者

Contents

目录

目录 Contents

第1章 绪论

模块概述：

本章作为全书的总纲，对室内装饰工程与构造做了综合概述，主要介绍室内装饰工程与构造的重要性、概念和作用，室内装饰工程与构造主要包括的内容，装饰构造与工程的类型及室内装饰工程与构造的基本设计原则。

学习目标

通过本书多维直观一体化教学模式的理论学习和工程案例的设计训练，使学生熟悉室内装饰工程与构造的类型，掌握室内装饰构造设计的基本原理和方法；具备室内装饰工程与构造设计的基本技能；能够根据不同的环境条件、不同的材料，结合室内装饰施工技术和工艺，合理地选择材料，正确地布置并绘制构造结构图，确定切合实际的室内装饰构造设计方案；为其他后继专业课的学习及将来从事室内设计行业、施工和管理相关工作打下坚实的基础。

教学重点

1. 室内装饰工程与构造的重要性。
2. 室内装饰工程与构造的基本内容。
3. 室内装饰工程与构造的基本设计原则。
4. “室内装饰工程与构造”课程的学习方法。

技能目标

1. 掌握“室内装饰工程与构造”课程的学习方法。
2. 熟悉室内装饰工程与构造的基本内容及基本设计原则。
3. 了解室内装饰工程与构造的基本概念及基本类型。

建议学时：4学时

1.1 概　　述

1.1.1 室内装饰工程与构造的重要性

室内装饰工程及构造是使建筑内部空间的设计得以更进一步的细部深化表达，是在现有的建筑内部空间上对艺术美的再创造，也是对建筑空间中存在的不足之处的修改和补充。它是在满足人们心理功能、生理功能、视觉和触觉上的享受的基础之上，能够保护建筑，改善空间环境，提高建筑空间质量，最终满足人们对室内空间的使用功能要求的重要技术手段，是使室内设计理论构思最终转化为现实实体的重要桥梁。

因而，室内装饰工程及构造已成为现代室内外环境设计工程中的重要组成部分，成为室内外环境设计专业学生使理论与实践得到良好结合的纽带。

1.1.2 室内装饰工程与构造内容概览

室内装饰工程与构造的内容主要涉及室内三大界面，即顶棚装饰工程与构造、墙面装饰工程与构造、地面装饰工程与构造及与之相关的一些室内装饰工程(见图1-1)。它所涉及的材料品种繁多，所采用的构造方法及施工工艺复杂而精细。它是一项系统性的创造活动，是一门综合性、实践性很强的学科。

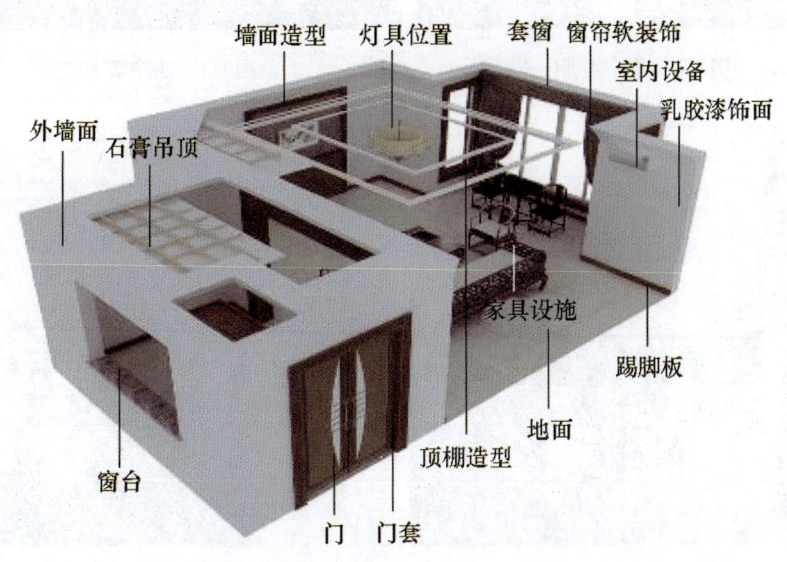

图1-1　室内装饰工程与构造示意图

1.1.3 “室内装饰工程与构造”课程的学习方法

“室内装饰工程及构造”是一门涉及面广、应用性和实践性都很强的综合性技术性课程，学习本课程需要一定的施工现场知识和经验，因此，我们除了学习理论知识外，还必须多实践(见图1-2至图1-7)。首先，多进行观察，尽可能多地接触装饰施工工地，多看已完成的建筑空间里各处的构造做法，听取有关人员从不同角度对构造提出的建议和想法。其次，应有意识地获取施工现场知识，通过完成大量的构造设计作业和练习，进一步理解和掌握有关构造理论，使理论知识与实际工程完美结合。最后，要多阅读课外资料，如设计规范、标准图集、工程施工图、工程实例分析等。在观察过程中，要琢磨、分析室内空间各个部位构造的不同处理方式，体会不同材料的不同衔接方法。

图1-2 课外实训(一)

图1-3 课外实训(二)

图1-4 课外实训(三)

图1-5 课外实训(四)

图1-6 课外实训(五)

图1-7 课外实训(六)

1.2 室内装饰工程与构造的基本内容

1.2.1 室内装饰工程与构造的基本概念

(1) 室内装饰的概念：室内装饰是指通过各种材料及工艺在已有的建筑室内空间覆盖新的装饰表面，是对已有建筑空间效果的进一步设计。室内装饰通过赋予建筑物鲜明的性格特征来满足人们的社会活动和生活需要，是合理、完美地组织和塑造具有美感而又舒适、方便的室内环境的一种综合性艺术。

(2) 室内装饰构造的概念：室内装饰构造是指使用建筑或室内装饰材料和制品对建筑物内部空间表面以及某些部位进行装潢和修饰的构造做法。

(3) 室内装饰工程与构造的概念：室内装饰工程与构造是将具体的设计方案采用适当的材料和正确的结构及工艺处理，满足人们精神与使用需求，是构思转化为实物的技术手段。

1.2.2 室内装饰构造的基本类型

室内装饰构造一般可分为两大类：一类通过覆盖物在建筑构件的表面起保护和美化作用，称为饰面构造或覆盖式构造；另一类通过组装构成各种制品或设备，兼有使用功能和装饰品作用，称为配件构造或装配式构造。

1．饰面构造

饰面构造是在某种建筑结构的表面覆盖一层装饰材料的构造方法，在装饰构造中占有相当大的比重，其基本问题是要处理好面层与基层的连接。例如，在墙体表面做木护壁板、在钢筋混凝土楼板下做吊顶、在钢筋混凝土楼板上做地板砖等均属于饰面构造。其中，木护壁

板与砖墙之间的连接、吊顶与楼板结构层之间的连接、地板砖与楼板结构层之间的连接等均属于处理两个面结合的构造。

1) 饰面构造与饰面位置的关系

饰面总是附着于建筑主体结构构件的外表面，饰面构造与位置的关系很密切。一方面，由于构件位置不同，外表面的方向不同，使得饰面具有不同的方向性，构造处理措施也就相应不同：顶棚在楼盖或屋盖的下部，墙的饰面位于墙的内外两侧，因此顶棚和墙面的饰面构造应防止脱落伤人。各饰面部位的构造要求如表1-1所示。另一方面，由于饰面所处部位不同，虽然选用相同的材料，构造处理也会不同。

表1-1　饰面部位及构造要求

名 称	部 位	主要构造要求	饰面作用
顶棚		防止剥落	顶棚对室内声音有反射或吸收的作用，对室内照明起反射作用，对屋顶有保温、隔热及隔声的作用。此外，顶棚内可隐藏设备管线等
外墙面 (柱面)		防止剥落	外墙面有保护主体不受外界因素直接侵害的作用；要求耐气候、耐污染、易清洁等
内墙面 (柱面)		防止剥落	内墙面对声音有吸收或反射的作用，对光线有反射作用；要求不挂灰、易清洁、有良好的接触感，室内温湿度大时应考虑防潮

续表

名 称	部 位	主要构造要求	饰面作用
楼地面		耐磨损	楼地面是直接接触最频繁的面，要求有一定蓄热性能，使人行走舒适，有良好的消声、隔声性能，且耐冲击、耐磨损、不起尘、易清洁。特殊用途地面还要求具有防水、耐酸、耐碱等性能

2) 饰面构造的基本要求

(1) 饰面构造要求附着牢固、可靠，严防开裂、剥落。

因为饰面层附着于结构层，如果饰面构造处理不当，如面层材料与基层材料膨胀系数不一、黏结材料的选择不合理等，都会使面层出现剥落。饰面剥落不仅影响美观，而且危及安全。大面积现场施工抹面，往往会由于材料的干缩或冷缩出现开裂，进行构造处理时往往要设缝或加分隔条，既便于施工、维修，又避免因收缩而开裂剥落。

(2) 饰面构造厚度与分层合理。

在设计和适用合理的情况下，饰面层的厚度与材料的耐久性、坚固性成正比，在进行构造设计时必须保证饰面层具有相应的厚度；但厚度的增加又会带来构造方法与施工技术的复杂化，因此饰面构造通常分为若干个层次，进行分层施工或采取其他构造加固措施。例如在标准较高的抹灰类墙面装饰中，一般按底层、中层和面层抹灰三部分来分层施工。

(3) 饰面应均匀平整、色泽一致。

饰面的质量标准除了要求附着牢固外，还必须做到均匀平整、色泽一致，从选料到施工都要严把质量关，严格遵循现行的施工规范，以保证获得理想的装饰效果。

3) 饰面构造的分类

饰面构造根据材料的加工性能和饰面部位的特点可以分为罩面类、贴面类和钩挂类。各种构造类型的特点及要求如表1-2所示。

2．配件构造

根据材料的加工性能和配件的成型方式，配件构造分为以下三种类型。

1) 塑造与铸造类

塑造是指对在常温常压下呈可塑状态的液态材料(如水泥、石膏等)，经过一定的物理和化学变化过程的处理，凝结成具有一定强度和形状的固体(如水泥花格、石膏花饰等)。目前常用的可塑材料有水泥、石膏、石灰等。

表1-2　饰面构造的分类

类型		示意图形		构造特点
		墙面	地面	
罩面	涂料			将液态涂料喷涂固着成膜于材料表面。常用涂料有油漆及白灰、大白浆等水性涂料
	构造示意图			
	抹灰			抹灰砂浆由胶凝材料、细骨料和水(或其他溶液)拌和而成。常用的材料有石膏、白灰、水泥、镁质胶凝材料等，以及砂、细炉渣、石屑、陶瓷碎料、木屑、蛭石等骨料
	构造示意图			
贴面	铺面	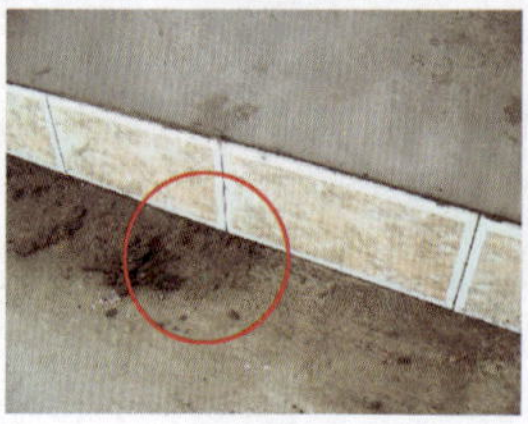		各种面砖、缸砖、瓷砖等陶土制品，厚度小于12mm，规格尺寸繁多，为了加强黏结力，在背面开槽用水泥砂浆粘贴在墙上。地面可用水泥砂浆铺贴
	构造示意图			

续表

类 型		示意图形		构造特点
		墙 面	地 面	
贴面	粘贴	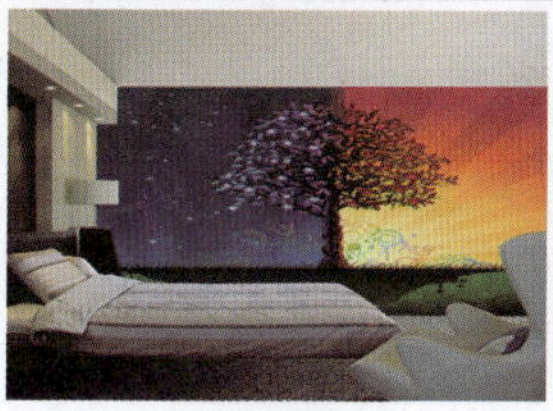	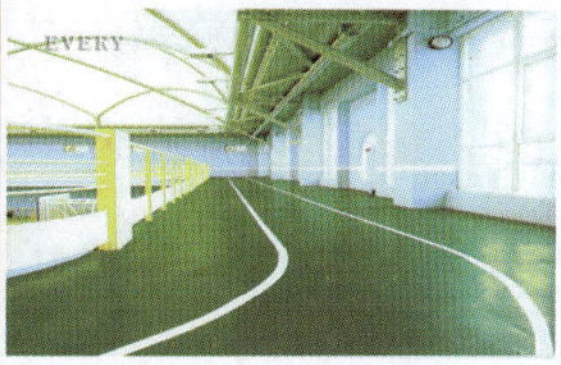	饰面材料呈薄片或卷材状，厚度在5mm以下，如粘贴于墙面的各种壁纸、玻璃布等
	构造示意图	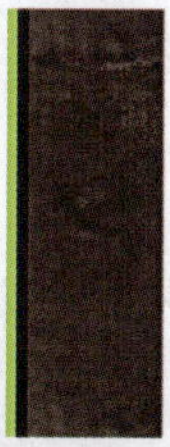	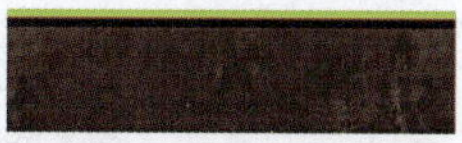	
	钉嵌	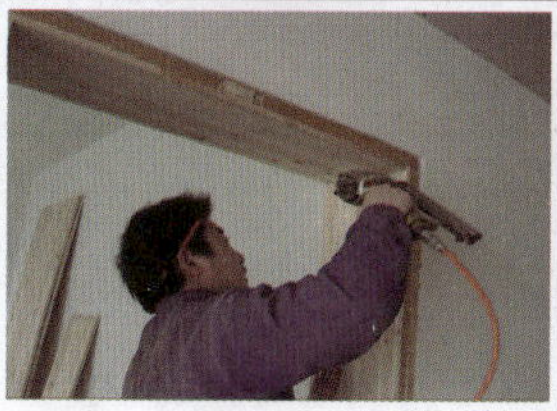	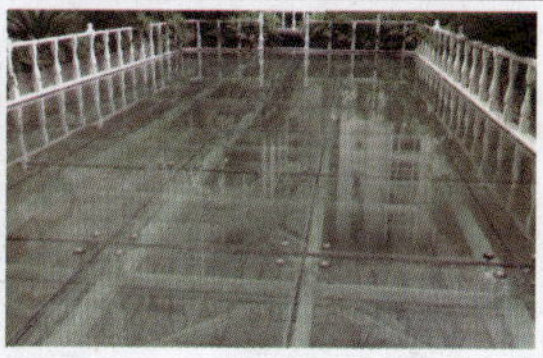	饰面材料自重轻或厚度小、面积大，如木制品、石棉板、金属板、石膏、矿棉、玻璃等制品，可直接钉固于基层，或借助压条、嵌条、钉头等固定，也可用涂料粘贴
	构造示意图	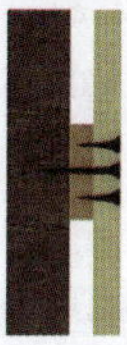	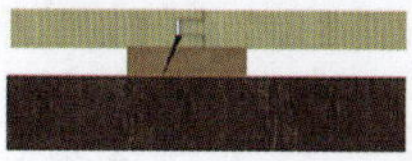	
钩挂	扎结	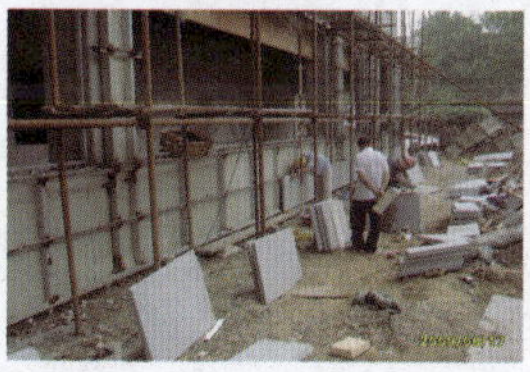	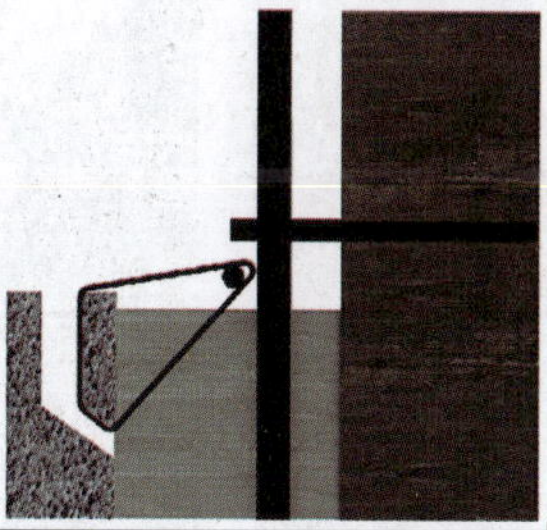	用于饰面厚度为20～30mm、面积约1m²的石料或人造石等，可在板材上方两侧钻小孔，用铜丝或镀锌铁丝将板材与结构层上的预埋铁件连接、绑扎，板与结构间灌砂浆固定

铸造是将液体金属浇铸到与零件形状相适应的铸造空腔中，待其冷却凝固后，以获得零件或毛坯的方法，被铸物质多为原为固态但加热至液态的金属(如铜、铁、铝、锡、铅等)，而铸模的材料可以是砂、金属甚至陶瓷。

2) 加工与拼装类

加工与拼装是指对木材与木制品进行锯、刨、削、凿等加工处理，并通过粘、钉、开榫等方法拼装成各种装饰构件。一些人造材料，如石膏板、碳化板、珍珠岩板等具有与木材相类似的加工性能与拼装性能。金属薄板，如镀锌钢板、各种钢板等具有剪、切、割的加工性能和焊、钉、卷、铆的拼装性能。加工与拼装的构造在装饰工程中应用广泛(见图1-8至图1-11)，常见的拼装构造方法见表1-3。

3) 搁置与砌筑类

搁置与砌筑是指将分散的块材通过一些黏结材料，相互叠置垒砌成各种图案，如水泥制品、陶土制品和玻璃制品等。建筑装饰中常用的搁置与砌筑构造的配件主要有花格、隔断、隔板、窗套等。

图1-8 粘装饰木板

图1-9 软包饰的加工

图1-10 拼装木地板

图1-11 金属龙骨拼接

表1-3　配件拼装构造方法

类 别	名 称	图 形	说 明
黏结	高分子胶	 常用高分子胶有环氧树脂、聚氨酯、聚乙烯醇缩甲醛、聚乙酸乙烯等	水泥、白灰等胶凝材料价格便宜，做成砂浆应用最广。各种黏土、水泥制品多采用砂浆结合。有防水要求时，可用沥青、水玻璃等结合
	动物胶	如皮胶、骨胶、血胶	
	植物胶	 如橡胶、淀粉、叶胶	
	其他	如沥青、水玻璃、水泥、白灰、石膏等	
钉接	钉	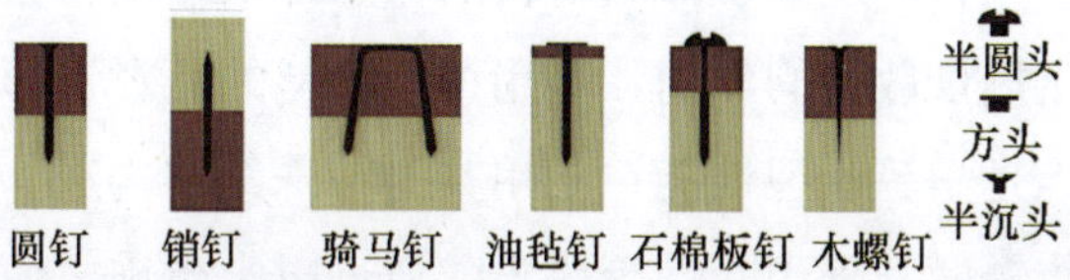 圆钉　销钉　骑马钉　油毡钉　石棉板钉　木螺钉　半圆头　方头　半沉头	钉结合多用于木制品、金属薄板等，以及石棉制品、石膏、白灰或塑料制品
	螺栓	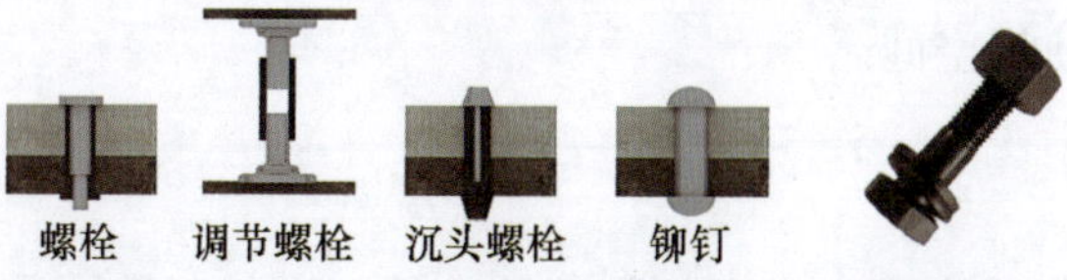 螺栓　调节螺栓　沉头螺栓　铆钉	螺栓常用于结构及建筑构造，可用来固定，调节距离、松紧，其形式、规格、品种繁多
	膨胀螺栓	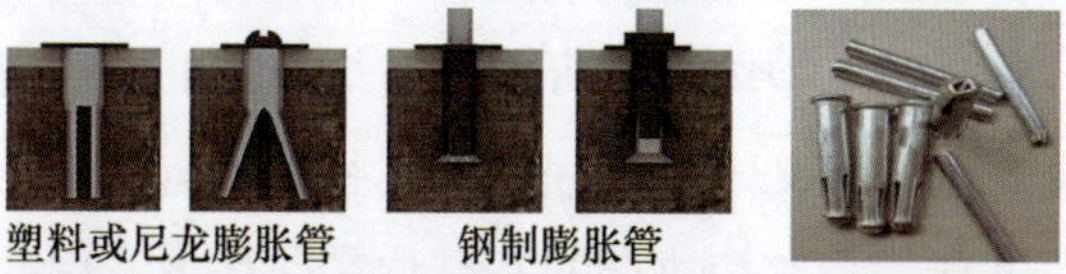 塑料或尼龙膨胀管　钢制膨胀管	膨胀螺栓可用来代替预埋件，构件上先打孔，放入膨胀螺栓，旋紧时膨胀固定
榫接	平对接	 凹凸榫　对搭榫　销榫　鸽尾榫	榫接多用于木制品，但装修材料如塑料、碳化板、石膏板等也具有木材的可凿、可削、可锯、可钉的性能，也可适当采用
	转角顶接		
其他构造	焊接	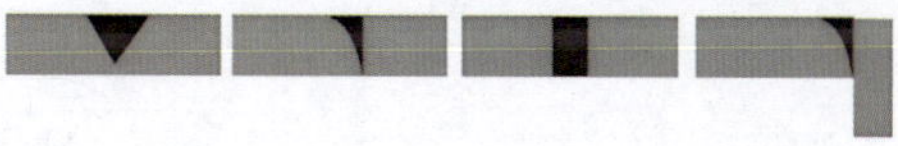	用于金属、塑料等可熔材料的结合
	卷口	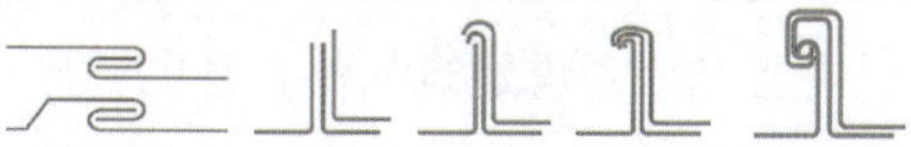	用于薄钢板、铝皮、铜皮等的结合

1.2.3　室内装饰工程与构造的基本设计原则

室内装饰构造设计是一项系统工程，是对总体设计目标的深化，必须综合考虑和分析各种因素和条件，力求确定优化、合理的方案，以最大限度地诠释总体设计为最终目的。室内装饰构造设计应遵循的基本原则如下。

1．使用功能原则

1) 保护建筑主要构件

建筑的主要构件由于长期受光线、温度、风雪、风蚀等自然条件的影响，以及摩擦、撞击的相互作用，必然会产生不同程度的老化、腐蚀、风化或损坏；空气中的腐蚀性气体及微生物也会对建筑构件产生一定程度的破坏，影响建筑的使用甚至安全。通过饰面构造施工，如抹灰、贴面、涂漆、电镀的方法，可以保护建筑内外构件，提高建筑构件的防水、防潮、抗酸碱的能力，避免或降低自然和人为的损坏，延长其使用年限。

2) 改善建筑内外部环境

建筑装饰可以改善建筑内外部环境，提高人们的生活质量。通过表面饰材，可使建筑物不易污染，改善室内外卫生条件；通过添加保温材料的保温抹灰墙面、保温吊顶灯，可改善其热工性能，起到保温、防止热量散失的作用；利用饰面材料的色彩、形态、光泽、肌理、透光率等，可改善建筑声学、光学等物理性能；利用某些特殊维护构造，可达到如防潮、防水、防尘、防腐、防静电、防辐射、隔声降噪等要求。通过以上措施，便可以为人们创造一个卫生、健康、舒适的建筑使用空间。

2．审美功能原则

室内环境艺术设计既是物质产品，又必须按照美的原则进行创造。通过建筑空间的二次改造，综合运用形态、材料、色彩等造型因素，可营造建筑空间的某种意境，并体现其独特的空间品质特征，以提升建筑的生命意义，将工程技术美和艺术有机地结合起来，创造出符合人们生理和心理需要的并促进身、心、智协调的高品位空间环境。由此可见，建筑装饰结构的审美功能，除了视觉上的审美愉悦，在设计和实施过程中更体现在材料选择、构造使用的合理与创新上。构造巧妙是一种美，坚固耐久是一种美，做工精细是一种美；建筑构造是蕴含其中的心智美的体现，是创造性的美的传达，力求以有限的物质条件创造出无限的精神价值，更是符合设计本质的最高层次的要求。

3．安全、环保原则

室内装饰构造在室内外的空间运用中，都应保证其在施工阶段和使用阶段的安全性、耐久性、环保性。在设计和实施过程中要充分考虑建筑构件自身的强度、刚度和稳定性；要考虑装饰构件与主体结构的连接安全；要考虑主体结构的安全，并保证装饰构造的耐用，以达到合理的使用年限。在人们更加注重生活品质和质量要求的今天，对室内外材料及构造循环利用与可持续发展的要求，成为装饰构造设计面临的新课题和长期发展的方向。

4．经济性原则

室内装饰工程的类型和层次标准千差万别，不同性质、用途的建筑所用材料不同、构造方案不同、施工工艺不同，对工程的造价影响较大。从造价上看，一般民用建筑装修费用占总建筑投资的30%～40%，高标准的则要占60%以上。同一建筑物如果采用不同等级的装修标准，其造价也相去甚远。因此，应选择合理的材料构造工艺，把握材料的间隔和档次，通常，中低档材料使用较为普遍，昂贵的高档材料多用于重要部位和局部点缀。重要的是在同样造价的情况下，通过巧妙的构造设计达到理想的效果。

5．系统性的创新原则

室内装饰工程是一个综合性的系统，大致可分为给排水系统、电气系统、暖气与通风系统、采光与照明系统、装饰装修系统等。创新是设计的生命，构造设计作为装饰工程的子系统之一亦不例外。在进行装饰构造设计时，要本着系统性的创新原则，利用装饰构造协调各工种之间的关系，并有机组织各个构件与设备。例如，将通风口、灯具、陈设构件、消防管道等设施与天棚、墙体、地面三大界面有机整合，创造性地解决美观、空间利用、牢固、经济、环保等众多因素必须协调统一的实际问题，以实现装饰工程的系统创新。装饰构造不是一成不变的，创造性地发现问题、解决问题，将系统的设计理念融入其中是构造设计的重要指导思想。

复习题

1. 简述室内装饰工程与构造的内容。
2. 简述室内装饰工程与构造的重要性。
3. 简述室内装饰工程与构造的基本概念与意义。
4. 简述室内装饰构造的基本类型。
5. 简述室内装饰工程与构造的设计原则。

第2章

室内装饰隐蔽工程

模块概述：

室内装饰隐蔽工程是室内设计施工的重要组成部分，隐蔽工程就是在装修之后被隐蔽起来的工程。装修的隐蔽工程主要包括五个方面，即给排水工程、强弱电管线工程、地面墙面防水工程、墙体工程、顶棚吊装工程，其中以水电工程尤为重要。根据工序的安排，这些工程基本上都会被随后的工序所掩盖，问题不容易被及时地发现，但其质量的优劣直接关系到工程质量、人身安全和财产安全等诸多问题。

学习目标

通过本章的学习，要求能够掌握室内装饰隐蔽工程的具体内容、各工序施工中的材料选用、隐蔽工程的施工标准及隐蔽工程施工的基本构造形式。

教学重点

02

1. 给排水工程的基本构造方式与施工工艺。
2. 强弱电管线工程的构造方式与施工工艺。
3. 地面墙面防水工程的构造方式与施工工艺。

技能目标

1. 熟悉室内隐蔽工程的基本内容。
2. 了解室内隐蔽工程的材料选用。
3. 掌握室内隐蔽工程的施工工艺。
4. 熟悉隐蔽工程的验收标准。

建议学时： 4学时

2.1 概　　述

室内装修施工完成后，无法从表面看到的已完成的施工项目统称为隐蔽工程(见图2-1和图2-2)。工程在隐蔽后，如果发生质量问题，还需重新覆盖，往往会造成施工项目蒙受巨大的损失。同时，隐蔽工程也会受到覆盖材料及周边环境的影响，由于看不到其材料本身的物理变化，于是很难辨析工程后期的施工隐患，往往发生问题时已为时过晚。正是由于工程被覆盖的特性，工程完工后，很难检查其材料是否符合标准、施工是否规范，这就要求在施工过程中从材料、工艺、施工规范等方面强化工程质量，以减少隐蔽工程发生质量问题的可能性。

图2-1 上水管

图2-2 电线

2.2　给排水管路铺装工程

给排水管路铺装工程在室内装修中的重要性是不言而喻的。在现实的生活中，我们经常会遇到水管漏水、下水不畅、热水不热或水压不足等问题，让人头疼不已；有些人还会遇到"水漫金山"的大问题，不但自己损失惨重，还会引起邻里间不必要的纠纷。对于给排水管路铺装工程而言，防止水患、强化工程质量是最基本的标准。

现今居住者对于生活品质的要求逐渐提升，节能减排理念已成为整个社会的共识，这都对给排水管路铺装工程提出了更高的要求：优化给排水系统的工程布局，改进热水设备的系统化工程，强调环保节能型能源在水循环系统中的运用，创建室内健康的生活用水环境。

对于给排水管路铺装工程而言，强化工程设计、材料选用、施工工艺以及验收标准，是实现其合理化的基本保障。

2.2.1　给排水管路铺装工程的基本内容

在室内装修施工中，给排水管路铺装工程的施工内容相对简单，可以理解为对上水管路中的冷热水管及下水管路中的排污管和冷却水管的设计、改造和施工。具体细分包括：给排水管路流向及排布设计；给排水管路型号调整；给排水管路管材选用；对上下水接口位置、上水截止阀位置、上下水设备位置的设定。以上是给排水室内装修施工工程的基本内容，随

着系统化概念的催生，对于给排水路系统的认识也不断地扩展与延伸，以热水系统为例：单从能源转换方式上来看就有电热水器、单一燃气热水器、燃气壁挂炉热水系统、太阳能热水系统等多种热水处理方式，每种供水方式又根据使用空间大小和流量多少划分出不同的设备等级，甚至许多设备提供专有空间，使供热、供水、水源二次加工等多种功能融合一体。

这就要求设计及施工过程中应当及时了解所设计上下水系统的基本需求及其所安装的设备型号，针对所提供设备的型号和所选用设备的不同工作原理，有针对性地对给排水管道铺设方式进行调整。

2.2.2 给排水管路铺装工程的材料选用

1．常见给排水管路材料

1) 铜管

铜管在发达国家得到了广泛的应用，欧洲、美国已使用了100多年，至今在供水系统中仍占主导地位。铜管被认为是一种“具有绿色面孔的红色金属”，它既没有金属材料的易锈蚀的缺点，也没有非金属材料的易污染元素，其焊接工艺安全、可靠、无毒。

2) 不锈钢管

不锈钢管也是西方发达国家应用较多的一种供水管材。不锈钢管性能稳定，不易锈蚀，不产生二次污染，保证了用水的卫生。但不锈钢管材质坚韧，按照传统工艺，施工中攻丝、套丝都很困难，因此给安装施工增加了较大麻烦，同时其价格比较昂贵。

目前在市场上最常使用的有一种波纹不锈钢可绕性软管，较好地解决了不锈钢管安装难的问题，被广泛地用作室内冷热水管接口与固定水管阀门的连接部件。这种产品经特殊的热处理，可依据施工环境需要，做任何角度的弯曲设计，可绕性强，安装快捷方便。

3) PVC及UPVC塑料管

由于塑料管(PVC)，又称聚乙烯塑料管道，具有重量轻、耐腐蚀、水流阻力小、安装简便迅速、工程造价低等优点，已被国内外广泛使用。但塑料管不耐压、不耐热、不耐火，燃烧时会产生有毒气体，在高热、高压、近火的条件下难以使用，它的强度、线性以及极端地区的温差条件等，都制约了其适用范围。

目前塑料管的技术不断更新，出现了许多具有高科技含量的产品。如PEX管(交联聚乙烯管)，其特点是可降低管材形变概率，提高管材冲击强度及耐低、高温能力。此外还有聚氯乙烯(UPVC)塑料供水管，这种新型管道材料具有较高的性价比，易于加工，具有良好的阻燃性、耐化学特性，安装方便，综合费用低，能够有效地解决热胀冷缩问题。

但塑料管材里多含有化学添加剂，如长期使用对人体有害，因此只有下水管或工业管路

才可以使用，其他类型管道不建议使用该类管材。

4) PPR管

目前在施工过程中最为常见的冷热水管材是PPR管材，也是水路改造的首选材料。PPR管又叫作无规共聚聚丙烯管，由于其无毒、环保、质轻、耐压、耐腐蚀，加工性能优异，既可以用作冷水管，也可以用作热水管。

5) 复合管

塑钢复合管以普通镀锌管为外层，内衬聚乙烯管，经复合而成。塑钢管结合了钢管的强度、刚度及塑料管的耐腐蚀、无污染、内壁光滑、水阻小等优点，是目前最常使用的管道之一。

铝塑复合管是国家大力推广以取代镀锌管的新型管材之一。这种管材是由聚乙烯(或交联聚乙烯)、热熔胶和铝材复合而成，具有良好的机械性能、抗腐蚀性能、抗老化性能、耐温性能和卫生性能，使用寿命可达50年，是具有环保意识的新型绿色建筑材料。冷水管、热水管、暖气管道都可以使用该类管材，但长期作为热水管使用时会出现渗漏现象。

2. 给排水管路材料选用注意事项

(1) 施工前辨析原有空间管道材料材质，当前新建筑的给水管道以PPR管居多，辅以PB(聚丁烯)管、PE-RT(耐热聚乙烯)管、铜管、铝塑管和其他管道，老式建筑的给水管道大多为镀锌管。

(2) 装修中禁止使用会对饮用水产生严重污染的含铅PVC管材及镀锌管材作为给水管路材料。

2.2.3　给排水管路铺装工程的施工工艺

1. 施工工序

(1) 根据设计图纸与甲方确定具体施工点位。

(2) 清理施工现场并对成品进行产品保护(见图2-3)。

(3) 依据设计图示及确定的施工点对管线线路走向弹线。

(4) 根据弹线位置需求对顶面安装管路固定卡件。

(5) 根据管路走向需要在特定墙地面开槽(见图2-4)。

(6) 清理施工作业面渣土。

(7) 开槽处预置固定水管所用卡件预埋件并安装卡件。

(8) 根据尺寸现场加工所需管材，墙顶面水管固定。

(9) 检查各回路是否有误。

(10) 对水路进行打压验收测试。

(11) 封闭。

图2-3　成品保护

图2-4　墙面开槽

2. 施工要求

(1) 施工前需检查原有的管道是否畅通，然后再进行施工。

(2) 应在施工前对原有排水管道临时封口，避免杂物进入管道。

(3) 水路改造应遵循从顶部连接与布局的原则，这样方便后期维护，同时不必大幅提升地面，从而影响居住空间高度。

(4) 冷热水管要遵循左侧热水、右侧冷水，上方热水、下方冷水的布局原则。

(5) 给水管顶面应采用金属吊卡或水管专用吊件进行固定，冷水管卡间距不大于60cm，热水管卡间距不大于25cm。管外径在25mm以下给水管的安装，管道在转角、水表、水龙头或角阀及管道终端的100mm处应设管卡，管卡安装必须牢固。管道采用螺纹连接，在其连接处应有外露螺纹。安装完毕应及时用管卡固定，管材与管件或阀门之间不得有松动。

(6) 水管墙面开槽深度要求：冷水管掩埋后尺寸应保证抹灰层大于1cm，热水管掩埋后尺寸应保证抹灰层大于1.5cm。

(7) 掌握所安装设备的型号，按照需求提供给排水口位置及尺寸，防止由于操作失误而最终导致设备无法匹配安装的问题出现。

(8) 应尽量按照分区及功能分配加装截止阀，方便日后维护。

(9) 水路改造常用参考尺寸数据如下：

① 淋浴混水器冷热水管中心间距150mm，距地面1000～1200mm；

② 上翻盖洗衣机水口高度1200mm；

③ 电热水器给水口高度应使用楼层高度减去热水器固定上方至顶部距离，再减去电热水器直径尺寸，再减去200mm；

④ 水盆、菜盆给水口高度450～550mm；

⑤ 马桶给水口距地面200mm，距马桶中心一般靠左250mm；

⑥ 墩布池给水口高出池本身200mm为宜。

3. 施工方法

(1) 布管方式：①水管布局应做到横平竖直；②墙面不许横向开槽，以破坏原有墙体结构；③应尽可能使水管由墙面向顶部延伸，在空间顶棚内部对管路进行水路分配；④分配后的管路按照出水口位置自上而下直线连接。

(2) 热熔管(PPR管件)施工方法：①水管切割应采用专门的切割剪，裁切的管口应保证干净平整，剪切时断面应与水管中轴垂直；②熔焊前，应对水管焊接处进行清理，并对所焊接水管的长度进行标记；③应使用专业的熔焊机，加温至260℃，当指示灯变成绿色时，开始焊接；④将连接管与配件放进焊接机头，加热管子的外表面及配件接口的内表面，然后同时从机头处拔出并迅速将管子加热的端头插入已加热的配件接口，插入时不能旋转管子，插入后应静置冷却数分钟不动；⑤将已熔焊连接好的管子安装就位。

4. 施工注意事项

(1) 在现在的家庭装修中，给水管一般用PPR热熔管，它的好处在于密封性好、施工快，但是一定要注意的是，熔焊时不能太急，要根据不同品牌的管件掌握时间，以免熔焊时间过长，从而导致水管内部堵塞。

(2) 安装好的冷热水管管头的高度应在同一个水平面上，以防安装后有角度偏差。

2.2.4　给排水管路铺装工程的验收

1. 基本要求

(1) 给排水管材、管件的质量必须符合标准要求，排水管应采用硬质PVC排水管材件。

(2) 施工完成后再次检查管道是否畅通。给水管道应经通水检查，新装的给水管道必须按有关规定进行加压试验，应无渗漏，检查合格后方可进入下道工序施工。

(3) 安装的各种阀门位置应符合设计要求，便于使用及维修。

(4) 所有接头、阀门与管道连接处应严密，不得有渗漏现象，管道坡度应符合要求。

(5) 各种管道不得改变管道的原有性质。

2. 验收方法

(1) 管道排列应符合设计要求，管道安装应固定牢固，无松动，龙头、阀门安装平整，开启灵活，出水畅通，水表运转正常。现实生活中一般采用目测和手感的方法验收。

(2) 管道与器具、管道与管道连接处均应无渗漏。采用通水的方法，以及目测和手感的方法检查有无渗漏。

(3) 采用加压测试的方法，连接所有冷热水给水管。采用加压测试的方法，连接所有冷热水给水管，把管路内部充满水并关闭注水总阀门。用打压泵，给封闭的水路打压，测试压力应为实际使用时压力数值的1.5倍(约为0.8MPa)，确保30分钟之内水压掉压不超过0.05MPa，并使用目测和手感的方法检查连接处有无渗漏。

(4) 水管安装不得靠近电源，水管与燃气管的间距应不小于50mm，用钢卷尺检查。

2.3 强弱电管线铺装工程

强弱电管线铺装工程是室内隐蔽工程中最为重要的一部分，要求工程从设计到施工具有很高的专业性，对其参与工程人员的资格认证也有着十分严格的国家标准。室内强弱电管线铺装工程不论是在公共室内空间装修工程中还是在居室室内空间装修工程中，对其材料的选用、施工方法和施工细节都有着较为严格的施工要求(见图2-5)。强弱电工程的施工规范性直接关系着主体工程的用电安全，更关系着公众利益及人们的生命安全。

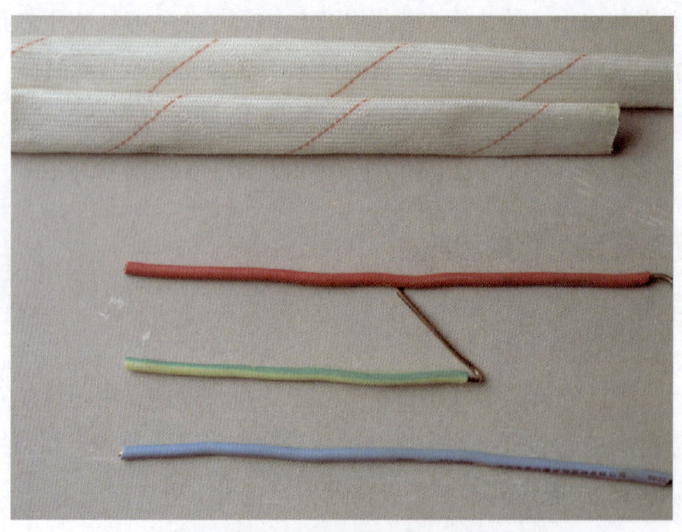

图2-5　2.5mm^{2}铜线及软性套管

室内强弱电管线铺装工程的设计相对原有工程更为复杂，系统性功能划分也更为清晰，一方面体现着使用者对于现有功能的使用需求，另一方面也强调着未来强弱电系统性的功能延伸。对于设计者而言，了解强弱电管线铺装工程中的细节及施工要求是做好系统化设计的先决条件。

2.3.1　强弱电管线铺装工程的基本内容

从概念上讲，强电和弱电的主要区别是用途不同。强电是作为一种动力能源，弱电是作

为一种信号电。

建筑及建筑群用电一般为交流220V、50Hz及以上的强电，主要向人们提供电力能源，将电能转换为其他能源，例如空调用电、照明用电、动力用电等。

弱电主要有两类，一类是国家规定的安全电压及控制电压等低电压电能，有交流与直流之分，交流36V以下，直流24V以下。如24V直流控制电源或应急照明灯等备用电源。另一类是指音频、视频线路、网络线路、电话线路等载有语音、图像、数据等信息的信息源，一般为直流32V以下。如电话、电脑和有线电视线路等信号输入电源。

一般情况下，弱电系统工程指第二类应用。它主要包括：①电视信号工程，如电视监控系统、有线电视；②通信工程，如电话；③智能消防工程；④扩声与音响工程，如小区中的背景音乐广播、建筑物中的背景音乐；⑤综合布线工程，主要用于计算机网络。

2.3.2 强弱电管线铺装工程的材料选用

1. 强弱电套管材料

电线护套管，也称为绝缘套管，主要用于穿引电线和保护电路。套管使用材料往往对其绝缘能力、抗压能力、耐腐蚀性、重量、摩擦系数等方面有着特殊的要求。

室内施工所用电线护套管，按照电工材料一般分为以下几种：UPVC阻燃穿线套管、镀锌管穿线套管以及不锈钢波纹穿线套管(见图2-6)。

图2-6 电线护套管

1) UPVC阻燃穿线套管

UPVC阻燃穿线套管是指以聚氯乙烯树脂为主要原料，加入其他添加剂经过挤压成型的用于2000V以下工业与建筑工程中的电线电缆保护平直导管。

UPVC阻燃穿线套管的特点如下：具有优良绝缘性能，能承受高电压而不被击穿，可以有效杜绝漏电、触电隐患；管体不导热，有效保护线路安全；能够离火自熄，避免火势沿管道蔓延；可承受来自外部较强的压力，适合明装或暗铺于混凝土内，不易受压变形；在低温条件下，用弹簧手工弯曲时，不易脆裂；具有优良的耐酸碱性能，不含增塑剂，防止虫鼠咬噬破坏线路；材质轻，截取方便，安装灵活，便于运输和施工操作，降低装潢成本。

UPVC阻燃穿线套管因具有轻质、阻燃、绝缘性好、安装使用方便快捷、卫生、无污染、价格低廉、使用寿命长等突出优点，近年来被广泛使用于居室装修和建筑工程水电安装中。除了动力线路和照明线路外，施工过程中所能涉及的网络线、电话线、报警线路等所有强、弱电线路均可使用UPVC阻燃穿线套管进行保护。

2) 镀锌管穿线套管

镀锌管穿线套管的主要成分为普通热轧焊管，采用电镀使锌黏附到焊管管壁的内外表面上。其普遍使用于公共建筑及室内装修工程之中，作为带电导体穿过或引入与其电位不同的墙壁或电气设备的金属外壳，具有价格低廉、质量相对较轻、便于安装、使用方便等优点。与传统PVC线管比较，金属线管具有抗冲击、强度高、不易变形、耐高温、抗腐蚀、防火性能出众等特点，由于金属线管本身材料的特性，故屏蔽性能和抗干扰性能良好，可用于通信、控制、网络综合布线等。此种材料也是当今施工标准化推广的重点工程用材，近几年已被广泛地应用于室内装修电路保护工程之中。

3) 不锈钢波纹穿线套管

不锈钢波纹穿线套管的材质为304不锈钢或301不锈钢，用作电线、电缆、自动化仪表信号的电线电缆保护管，规格从3mm到150mm不等。超小口径不锈钢波纹穿线套管(内径3～25mm)主要用于精密光学尺的传感器线路保护、工业传感器线路保护，具有良好的柔软性、耐蚀性、耐高温性、耐磨损性、抗拉性。

2. 室内强电电线材料

强电线材是家庭装修中不可或缺的基础建材，室内电路改造最常使用的线材按照软硬程度可分为软线与硬线，按照电线电芯材质可分为铜线与铝线，按照电线内部电路路数多少可分为单芯线与多芯线，按照电线外部表皮与线芯材料的组成形式可分为塑铜线与护套线。这些称谓与叫法我们在具体电路施工过程中会经常遇到。

1) 软线与硬线

软线与硬线是按照电线相对硬度进行区分的，一般我们把具有一根较粗金属电芯的电线称为硬线，把由多股铜丝绞在一起的单芯线或多芯线称为软线。硬线(BV)也称为聚氯乙烯绝缘铜芯硬线，主要用于供电、照明、插座、空调，适用于交流电压450/750V及以下动力装置、日用电器、仪表及电信设备用的电缆电线。硬线有一定的硬度，在折角、拉直方面会更

加方便一些。软线(BVR)也称为聚氯乙烯绝缘铜芯软线，适用于交流电压450/750V及以下动力装置、日用电器、仪表及电信设备用的电缆电线，如配电箱。软线相对硬线制作较复杂，高频电路软线比硬线所荷载的流量大。在强电线路使用过程中，只要在电路荷载允许的条件下，软线、硬线均可用于供电、照明、插座、空调。

2) 铜线与铝线

施工过程中通常使用的电线有铜线和铝线两种，这两种不同线路的特点来自于本身材质的特性。其一，铜的导电和导热性能要更好一些，最大安全通电电流也比铝线高，使用寿命长。其二，铜线的电路损耗小，在使用过程中发热现象不严重；铝线的电路损耗略大，发热现象也比铜线严重。其三，铜线重，但是强度高；铝线重量轻，但是机械强度差，而且铝线在接驳线端极容易氧化，氧化后会出现温度升高、接触不良等情况，是引起故障(断电或断线)的多发点。但铜线相对于铝线成本较高、施工投入较大，由于这个原因，在施工中依然可以见到铝线的使用。

3) 单芯线与多芯线

我们可以按照单条线路或多条线路对于单芯线与多芯线进行区分理解。例如我们施工过程中所见到的不同颜色的塑铜线，线路分别代表地线、火线、零线，其承载着不同的功能，这时所使用的电线就称为单芯线。施工完毕后，往往会在墙面插座外部按照需要连接长度适宜的方便插板，连接插板的电线内部包含火线与地线两条线路，即被称为多芯线。

4) 塑铜线与护套线

塑铜线：一般是配合穿线管材使用的，多用于建筑装修施工中的隐蔽工程上。为区别不同功能的线路，设计出不同的表面颜色，一般多以红线代表火线、黄线代表地线、蓝线代表零线，但由于不同场合的施工和不同的条件要求，颜色的区分也不尽相同。

护套线：一种双层绝缘外皮的导线，它可用于露在墙体之外的明线施工，由于它的双层护套，使它的绝缘性能和防破损性能大大提高，但是散热性能相对塑铜线有所降低，所以不提倡将多路护套线捆扎在一起使用，那样会大大降低它的散热能力，时间过长会使电线老化，造成危害。

5) 塑铜线使用规格

室内工程中使用的电线多半为单股铜芯线，其截面面积主要有三种规格，分别是1.5mm^2、2.5mm^{2}和4mm^2，另外还有6mm^{2}规格的，但6mm^{2}线主要用于进户主干线，在家装中几乎不用或用量很少。单股铜芯线是以铜线斜截面大小来对其规格划分的，这也决定了不同的斜截面所能承载的最大用电量有所不同，经测算：1.0mm^{2}塑铜线的最大通过电流量为20A，1.5mm^{2}塑铜线的最大通过电流量为25A，2.5mm^{2}塑铜线的最大通过电流量为34A，4.0mm^{2}塑铜线的最大通过电流量为44A，6.0mm^{2}塑铜线的最大通过电流量为58A。在实际应用中，应按照实际最高用电量对线路规格进行选择。

一般施工现场多使用规格为2.5mm^{2}和4mm^{2}的塑铜线，可以按照铜芯线的规格对使用对象进行划分：2.5mm^{2}规格主要用于灯具照明、开关线、插座电源和部分支线、冰箱或专线配置的小匹数空调；4mm^{2}规格主要用于电路主线和空调、电热水器等，而且一定要专线专控。厨房内部空间电器比较多，而且用电量较大，为保证正常使用，电线最好也选用4mm^{2}的规格。

3．室内弱电电线材料

弱电线缆种类繁多，根据其产品应用场合或大小类别、产品结构材料或形式、产品的重要特征或附加特征，均可定义出不同使用功能的线材。下面针对室内装修过程中常见到的双绞线(一般应用于网络或电话数据传输)、同轴电缆(一般应用于电视信号数据传输)和光纤(一般应用于网络及电话数据传输)进行简要介绍。

1) 双绞线

双绞线是由许多对线组成的数据传输线。它的特点就是价格便宜，所以被广泛应用，室内装饰弱电改造中的局域网网线和电话线，均把双绞线作为常用传输介质。双绞线以一对互相绝缘的金属导线互相绞合来抵御一部分外界电磁波干扰。把两根绝缘的铜导线按一定密度互相绞在一起，可以降低信号干扰的程度，每一根导线在传输中辐射的电波会被另一根线上发出的电波抵消。“双绞线”的名字也是由此而来。

双绞线一般由两根22～26号绝缘铜导线相互缠绕而成，实际使用时，双绞线是由多对双绞线一起包在一个绝缘电缆套管里的。典型的双绞线有四对一组，也有更多对双绞线放在同一个电缆套管里的。我们把这些称为双绞线电缆，例如网线。一般扭线越密其抗干扰能力就越强，与其他传输介质相比，双绞线在传输距离、信道宽度和数据传输速率等方面均受到一定限制，但价格较为低廉。

双绞线常见的有3类线、5类线和超5类线、6类线，以及最新的7类线。前者线径细而后者线径粗，当下工程中最常见的是3类线和5类线，3类线的标识是“CAT3”，带宽10M，适用于十兆网，基本已被淘汰；5类线的标识是“CAT5”，带宽100M，适用于百兆以下的网；超5类线的标识是“CAT5E”，带宽155M，是主流产品。一根5类线缆内有四对双绞线，如果使用一对传输视频信号，另外的几对还可以用来传输音频信号、控制信号、供电电源或其他信号，提高了线缆利用率，同时避免了各种信号单独布线带来的麻烦，减少了工程造价。室内装饰弱电工程由于使用的是普通5类非屏蔽电缆或普通电话线，购买容易，给工程应用带来极大的方便。

2) 同轴电缆

同轴电缆是指有两个同心导体，而导体和屏蔽层又共用同一轴心的电缆。最常见的同轴电缆由隔离绝缘材料和铜线导体组成，里层绝缘材料的外部是另一层环形导体及其绝缘体，然后整个电缆由聚氯乙烯或特氟纶材料的护套包住，电磁场封闭在内外导体之间，故辐射损

耗小，受外界干扰影响小，常用于传输多路电话和电视。同轴电缆的价格比双绞线贵一些，但其抗干扰性能比双绞线强。当需要连接较多设备而且通信容量相当大时可以选择同轴电缆。

3) 光纤

光纤是光导纤维的简写，是一种利用光在玻璃或塑料制成的纤维中的全反射原理而达成的光传导工具。由于光在光导纤维中的传导损耗比电在电线中的传导损耗低得多，于是光纤被用作长距离的信息传递。光纤和同轴电缆相似，只是没有网状屏蔽层。中心是光传播的玻璃芯。光纤通常被扎成束，外面有外壳保护。纤芯通常是由石英玻璃制成的横截面积很小的双层同心圆柱体，它质地脆、易断裂，因此需要外加保护层。

光纤作为宽带接入的一种主流方式，有着通信容量大、中继距离长、保密性能好、适应能力强、体积小、重量轻、原材料来源广、价格低廉等优点。

光纤作为数据传输的载体，首先要由发送端把传送的信息(如话音)变成电信号，然后调制到激光器发出的激光束上，使光的强度随电信号的幅度(频率)变化而变化，并通过光纤发送出去；在接收端，解调器收到光信号后，把它转换成电信号，经解调后恢复原有信息。我们在室内装饰施工过程中遇到的光纤就是数据接入光缆，它的连接方法不同于双绞线，光纤的转接与铺设需要由较为专业的技工和焊接器来完成，这一点在家庭装修过程中应尤为注意。

4．强弱电工程选材应注意的事项

1) 强弱电套管材料选择

(1) PVC阻燃穿线套管：穿线套管应具有相关的产品合格证，表面光滑整洁，标识字迹印刷清晰，管壁薄厚均匀，无气泡及管身变形等现象。所用绝缘导管附件与配件必须符合规范要求；PVC绝缘导管按照GB/T14823.2—93的标准规定，不同规格的线管管壁应符合相应的管壁厚度；PVC阻燃穿线套管应在施工进场前进行冲压试验，以确保样品放在压力试验机上加750N，一分钟后被承压部位外径不大于原外径的10%，同时管壁无裂痕。

(2) 镀锌管穿线套管：镀锌管的钢管外表镀锌层完整无脱落现象，壁厚均匀，焊缝均匀，无劈裂、砂眼、棱刺和凹扁现象。壁厚不小于1.6mm，套管接头长度为管外径的3倍，紧定螺钉螺纹均匀光滑，结合严密，位置合理。此外，还需有产品合格证及检验报告等质量证明文件。

2) 强电电线材料选择

(1) 检查包装是否完好，有无国家强制产品认证的“CCC”标志和生产许可证号，有无质量体系认证书，是否具有完整的合格证，即合格证上对于规格、执行尺度、额定电压、长度、日期、厂名厂址等信息是否填写完整。

(2) 检查电线电缆的导体尺寸和绝缘厚度是否符合行业标准的要求。劣质电线在结构上往往会偷工减料，导致电线的导电性和绝缘性能均达不到行业标准要求。同时要检查电线的长度是否符合每卷100m的标准，长度的误差是否超过5%，截面线径误差是否超过0.02%。多数伪劣产品往往在产品斜截面和长度上达不到要求(如截面为2.5mm^{2}的线，实际仅有2mm^{2}粗)。

(3) 正规电线使用高纯度的红紫铜制成，外层光亮，手感稍软。非正规电线的铜芯铜质偏黑，手感较硬，手感发硬则表明所含杂质较多，使用时接线困难，容易断裂。同时导体应粗细均匀，表面圆整、光滑、有金属光泽，没有损伤和锈蚀。导体铜芯不应偏芯，线芯应居绝缘或护套正中。

(4) 电线外观光滑平整，绝缘层和护套层无损坏，色泽鲜亮，标识印字清晰，质地细密，手摸电线时无油腻感。优质的电线表面无槽状纹路、竹节性凹凸、厚薄不均、偏芯、气泡、颗粒杂质和机械损伤等缺陷。

3) 弱电线路材料选择

(1) 包装箱是否完整、印刷及标识是否清晰、是否具有产品认证的“CCC”标志及生产许可证号。合格证上对于规格、长度、日期、厂名厂址等信息是否填写完整等。

(2) 在8芯双绞线中，有4芯属花色线。花色线的本底应为纯白，然后嵌入一根指定的颜色条，颜色条的颜色应与其对应的芯线完全相同，优质的双绞线可以耐高温，在火焰烧烤下，外层不会自己燃烧，只能被熔化变形。

(3) 对于铜芯的直径，可以使用游标卡尺测量外径。例如对于5类线，应使用AWG2号线，即线径应略大于0.515mm。如果线径偏小，则可以降低材料的造价。在标准中，要求线缆可以大于规定的线径，但不可以小于规定的线径。铜芯直径小，除了可以降低铜材的造价外，还可以降低塑料粒子的数量，造成总造价的下降。

(4) 品质好的双绞线的护套层弹性较大：如果将一段双绞线对折后放手，双绞线会立即回弹。穿线过程中经常会对双绞线线缆进行拉拽，优质的双绞线不会轻易扯断。

(5) 绝缘层与外层护套应厚度均匀，可以通过双绞线的断面分辨出绝缘层和护套的厚薄程度。

2.3.3 强弱电管线铺装工程的施工工艺

1. 施工工序

(1) 根据设计图纸与甲方确定具体施工点位。

(2) 清理施工现场并对成品进行产品保护。

(3) 依据设计图及确定的施工点位对管线线路走向弹线。

(4) 根据弹线走向在特定墙面开槽。

(5) 根据施工点位在墙面开线盒。

(6) 清理施工作业面渣土。

(7) 根据弹线位置对顶面安装线管固定卡件。

(8) 根据弹线位置固定墙面及顶面线管，根据线盒开孔位置固定线盒。

(9) 线管内部穿钢丝拉线。

(10) 连接各种强弱电线线头，并对暴露于外部的强电线路使用波纹管对其进行保护处理(见图2-7)。

(11) 封闭管路。

(12) 对强弱电进行验收。

图2-7 强电接头处理

2. 施工要求

(1) 施工前一定要检查原线路是否合格，如不合格则应提出合理的整改方案。线路设计应实用、合理、规范、安全。

(2) 室内强弱电施工应按照相关规定，设置分户配电箱。配电箱内应设漏电断路器，漏电响应电流应不大于30mA。漏电断路器有过负荷、过电压保护功能，并分数路出线，一般情况下强电部分应分为空调、照明、普通电源插座、厨房专用插座四组(1.5mm^{2}铜芯线可承受2200W的负荷，2.5mm^{2}铜芯线可承受3500W左右的负荷，4mm^{2}铜芯线可承受5200W的负荷，6mm^{2}铜芯线可承受 8800W的负荷，10mm^{2}铜芯线可承受14000W的负荷)。

(3) 室内布线除通过空心楼板外均应使用穿线管铺设，并采用绝缘良好的单股铜芯导线。

穿线管铺设时，管内导线的总截面积不应超过管内径截面积的40%，管内不得有接头和扭结。直径为16mm的线管可穿3根4mm^{2}线或4根2.5mm^{2}线；直径为20mm的线管可穿5根4mm^{2}线或7根2.5mm^{2}线。强电线与电话线、闭路电视线、通信线等不得安装在同一管道中。

(4) 线管与线管、线管与接线盒必须使用锁母连接，线管埋入墙体，管壁距最终抹灰面应不小于10mm。线管施工必须固定牢固。暗线盒及开关面板应该安装水平，固定牢固，相邻开关插座在固定时应间距紧密一致，间距一般为1mm左右。

(5) 暗管弯曲半径不得小于该管外径的6～10倍。当布线长度超过15m或中间有3个弯曲时，在中间应该加装一个接线盒；暗管直线铺设长度超过30m时，中间应加装一个接线盒。暗埋管线弯路过多时，应按最近的距离铺设线路，并适当增大直角弯半径或增设接线盒。

(6) 吊装平顶内的电气管线，不得将线管固定在平顶的吊架或龙骨上。灯头盒、接线盒的设置应便于检修，并加盖板。使用波纹软管接到灯位的，其长度不应超过1m。软管两端应用专用接头与接线盒、灯具连接牢固。金属软管本身应做接地保护。各种强、弱电的导线均不得在吊平顶内出现裸露。

(7) 普通电源插座的火线、零线、接地线均为2.5mm^{2}铜芯线。空调线为≥4mm^{2}铜芯线，接地线可为2.5mm^{2}铜芯线，所有线路接头在安装开关面板之前，不管通电与否，必须全部包扎，线头不可裸露在外。

02

(8) 单相二孔插座，面对插座的左孔或下孔与零线相接；单相三孔插座，面对插座的左孔与零线相接，接地线应安装在上孔，插座的接地端子不得与零线端子直接连接。线盒内导线应留有余量，长度宜为150mm。所有线路在穿线管内不得有接头，所有线路接头采用缠绕法，缠绕要求大于5圈，用绝缘带及黑胶布双重包扎。

(9) 一般情况下，常用墙面插座下口距离地面300mm，开关下口距离地面1300mm，空调插座下口距离地面1800mm，卫生间插座下口距离地面1300mm，厨房插座下口距离地面900～1000mm。厨房、卫生间必须使用防水插座。如只做线路局部改造，则开关插座高度应同原房屋开关插座高度统一。

(10) 房间应考虑空调出墙洞，壁挂机预埋直径不大于等于55.9mm PVC管，距离地面2000mm。柜机预埋不小于直径70mm PVC管，距离地面200mm。

3. 施工方法

(1) 确定点位：①根据施工布线设计图纸，结合墙上的点位示意图，用彩色红蓝铅笔、卷尺及墨斗将各点位处的暗盒位置精确地标注出来。②除特殊要求外，暗盒的高度应与原强电插座一致。若有多个暗盒在一起，暗盒之间的距离至少为10mm。

(2) 墙体开槽：①首先要明确电路改造的基本施工原则，即线路设计应当遵循连接直线距离最短原则，遵循不破坏原有强电原则，遵循避免破坏原有地面及墙体结构原则。②开槽方

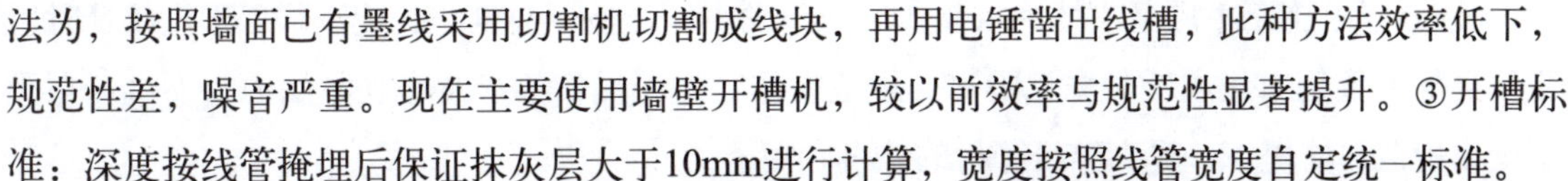

法为，按照墙面已有墨线采用切割机切割成线块，再用电锤凿出线槽，此种方法效率低下，规范性差，噪音严重。现在主要使用墙壁开槽机，较以前效率与规范性显著提升。③开槽标准：深度按线管掩埋后保证抹灰层大于10mm进行计算，宽度按照线管宽度自定统一标准。

(3) 强弱电布线方式：①吊顶内布线要求横平竖直。②地面为地砖或水泥砂浆找平时，为点对点布线，应尽量减少弯管。③地面为实木地板时，线管平行于龙骨，不用开槽，垂直于龙骨，布管需开槽，严禁龙骨开槽。另一种方式是点对点全部开槽。④厨卫强电布管尽可能不走地面，如受条件制约无法实施，可使用整根穿线管直接铺设，中间不能进行拼接。

(4) 镀锌钢管的施工方法：冷煨法。一般管径为20mm 及以下时，用手扳煨管器，先将管子插入煨管器，逐步煨出所需弯度；管径为 25mm及以上时，使用液压煨管器，即先将管子放入模具，然后扳动煨管器，煨出所需弯度。管与管或管与线盒进行连接时，可先将管口打磨光滑平整，再用管箍或其他连接部件使用锁母连接(见图2-8)。

(5) UPVC管的施工方法：将弹簧插入管内需弯曲处，两手握紧管子两头(距管子弯曲中心200～300mm)，用膝盖顶住，两手用力慢慢弯曲管子。考虑到管材的回弹，在实际弯曲时应比所需弯度小15°左右。待管子回弹后，检查管子弯曲度是否符合实际要求，若符合可抽出弹簧，若不符合可再进行弯曲至符合实际要求弯度为止，然后抽出弹簧。

02

4．施工注意事项

(1) 强弱电施工中应坚决杜绝施工不规范现象发生：在施工时将电线直接埋到墙内，导线没有用绝缘管套，电线接头直接裸露在外(见图2-9)。规范操作：电线铺设必须在外面加上绝缘套管，同时电路接头不要裸露在外面，应该安装在线盒内，分线盒之间不允许有接头。

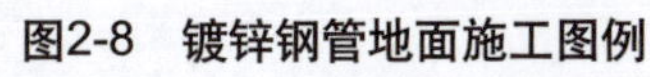

图2-8　镀锌钢管地面施工图例

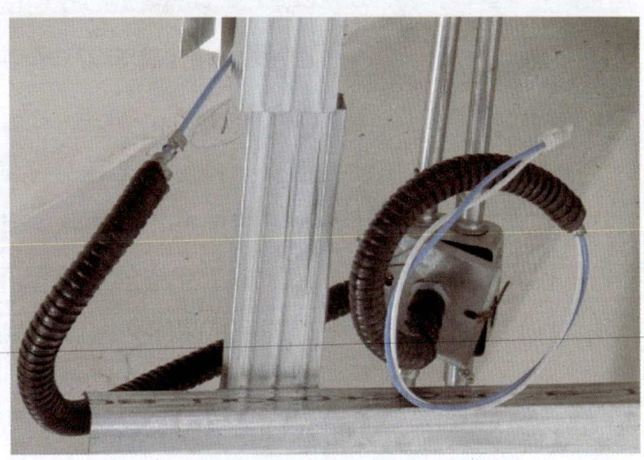

图2-9　顶部波纹绝缘套管裸线处理

(2) 强弱电施工中应坚决杜绝偷工减料现象发生：强弱电放置一起，使用同一根穿线管或同一个暗盒，一根穿线管内穿线数量明显过多。规范操作：强弱电应分开走线，严禁强弱电共用一根穿线管和一个暗盒，严格按照要求并根据管径大小布置线路条数。

(3) 强弱电施工中应坚决杜绝重复布线现象发生：当按照数量、长度进行工程量统计时，往往会导致重复布线或延长施工距离。规范操作：按照操作要求及布管方法周密安排，在满足操作规范的前提下，提高穿线管材的综合利用能力。

(4) 强弱电施工中应坚决杜绝材料混用或错用现象发生：布置线路时为了方便，随意使用电线，不按照颜色对线路功能进行分类；在穿线管固定时，使用泥子粉代替石膏或水泥进行固定。规范操作：应按照规范对线路颜色及属性进行匹配，以方便工程施工过程和后期电器安装过程中线路的识别与检测。用于封堵线槽的水泥，必须与原有结构的水泥配比一致，以确保其强度，同时避免线槽处墙体开裂。在使用石膏封堵时应辨析墙体开槽破坏程度，如果墙体破坏程度较为严重，应使用水泥砂浆进行填补(见图2-10)。

图2-10　墙体破坏较严重时用水泥砂浆进行填补

(5) 强弱电施工后应做好产品保护，杜绝后续工程破坏管路的现象发生：管线布置好后，经二次改造，造成铺设线路损坏；后续工程施工时拖拽碾压地面管线，导致管路松动或接口破损。规范操作：在铺好管线的地方不能再次施工。后续工程应尽量避让已完成的强弱电工程，同时做好成品保护，对已施工完毕的管路采用水泥加固或沙土掩埋的方法进行处理；对已损坏线路，应及时检查，并对断裂线路彻底更换，严禁中途接线。

2.3.4　强弱电管线铺装工程的验收

1．强弱电隐蔽工程验收

(1) 按上述强弱电施工要求逐一进行验收。

(2) 对于隐蔽工程施工过程及线路走向位置尺寸图进行详细施工记录，完善图纸及影像资料。

(3) 按照强弱电工程量计算标准对隐蔽工程中所涉及的工程量进行核算，核算结果应由甲方相关人员签字确认。

(4) 在隐蔽工程验收合格后，方可进行其他工种作业。

2．强弱电工程完工验收

(1) 工程完工后，应采用目测和手动的方法，检测开关插座是否安装牢固，电器面板安装是否端正，是否紧贴墙壁，四周有无空隙，高度位置是否符合施工要求，开关通断是否灵活。

(2) 采用电路测试的专用工具检验插座上的火线、零线和地线位置是否符合要求，通过专用工具对线路进行短路检测，观察空气开关过电保护功能是否工作正常。

(3) 使用钢卷尺进行测量，检测导线与燃气管路、暖气管路及弱电管路的间隔距离是否符合标准。一般情况下强弱电的平行间距为30～50cm，强电与煤气管道的平行间距要在40cm以上，强电与弱电、燃气及暖气管路的交叉距离不应小于10cm。

(4) 对整体电路系统进行电器通电和灯具试亮试验，验证开关、插座以及线路在电器通电后，性能是否良好，状态是否稳定。

(5) 工程电路检测通过后应向甲方提供线路走向位置尺寸、竣工图及隐蔽验收工程的影像资料。

2.4　地面墙面防水工程

地面墙面防水工程是室内隐蔽工程中不可或缺的一部分内容，虽然对于室内装修工程而言，地面墙面防水工程施工范围较小，工程量相对较少，施工难度较低，但是其施工的重要性不言而喻。一旦防水工程质量发生问题，往往会给居住者带来长期的困扰，很可能会使前期的大部分工程投入付诸东流。在居室空间或宾馆酒店等公共空间中，我们时常遇见墙面渗漏、墙体霉变、地面泛水、地板毁坏等诸多因为卫生间防水施工出现问题而产生的后果。这些问题的出现大大影响了使用的舒适度和工程的使用寿命。

正是由于我国对于室内装修施工没有严格的防水规范要求，因此没有相应的标准可以依据，这在很大程度上导致了室内装修施工后期使用过程中渗漏水现象的普遍出现。

针对因防水工程而导致的工程质量问题的调查与统计发现，室内防水工程问题的出现往往是由于设计者防水设防方案不合理，或施工者在施工过程中对防水节点部位的细节处理不得当。

因此，强化防水工程的方案设计和具体施工工艺显得尤为重要，这就要求一方面加强防水材料知识的普及和材料特性的认识，针对不同问题提出不同方案；另一方面规范施工步

骤，严格按照施工要求进行施工。

2.4.1 地面墙面防水工程的基本内容

室内装饰施工防水工程主要涉及：民用建筑中的厕浴间、厨房和有防水防潮要求的其他楼地面墙面；公用建筑中的公共浴室、蒸汽浴室和有防水防潮要求的其他楼地面墙面及顶面；建筑物内部的水箱、水池、游泳池等整体防护的设施及空间。

因室内防水工程施工不到位而导致泄漏的部位最为常见的有以下几类：厕浴间管道根部，墙根部位，混凝土楼板面，相邻墙体外侧表面；住宅厨房烟道，厨房灶台相邻墙体，大中型公共厨房地面楼板、墙根部位，以及熏蒸灶台相邻墙体外侧表面；配套工程与建筑混凝土楼板连接处，例如住宅空间中各上下水管道与楼板交接处；水池或泳池立面、底面或结构交接处。其中厕浴间的防水工程施工最为普遍，也最易出现问题。

2.4.2 地面墙面防水工程的材料选用

防水工程中的材料选用对于防水工程至关重要，材料的属性不同，施工中的问题和施工部位也不尽相同。市场上的民用防水材料种类繁多，没有专业知识的业主或施工人员很难辨识防水材料的好坏和特点，往往是有什么就用什么，但是实际施工中又很难把握其施工方法。例如在厕浴间墙面防水处理后进行瓷砖铺贴施工时，由于防水施工人员材料选择或施工不到位，当墙面防水施工完毕后，瓦工无法判别材料属性，很难使墙砖与涂料表面进行黏合，最终只能破坏防水层，强制施工，看似工序全部完成，实际并未达到防水工程的真正目的。

认识材料属性及具体材料的施工方法对于室内防水工程显得尤为重要。按照材料属性，常用防水材料可以分为四种，分别为硬性灰浆、柔性灰浆、丙烯酸酯和单组分聚氨酯，它们性能不同，各有优劣。

1．硬性灰浆

硬性灰浆也称刚性灰浆，乳液与砂浆的配比为1：4，刷完后无须对涂层进行处理，可直接贴砖，比较方便。固化后形成水泥硬块，不会因潮湿鼓包或渗水。其最大优点就是背水面的防水效果好，缺点在于此种灰浆硬度较高，容易随着基层的变形开裂而开裂，因此一般用于背水面的防水。

2．柔性灰浆

柔性灰浆中，乳液与砂浆配比为5：4，具有弹性，就算基层变形开裂也不会影响防水效果。柔性灰浆多用于墙面和地面等迎水面，不可用于顶面等背水面，如果防水没做好，有水渗透，很容易鼓包渗水。柔性灰浆中还有一类硅胶类防水涂料，属于高档柔性灰浆，弹张力

和柔韧度都很好，比较昂贵，市场上十分少见。

3. 丙烯酸酯

丙烯酸酯为纯液体，开盖即用。其为水性，可溶于水，很容易与地面缝隙结合，形成坚固的防水层，防水效果较柔性灰浆更好。需要注意的是，刷完丙烯酸酯后需要进行拉毛或者扬沙等表面处理，来增加摩擦性，方便贴砖。由于防水效果很好，柔性灰浆和丙烯酸酯更适合于在长期浸水的环境中使用。

4. 单组分聚氨酯

单组分聚氨酯为胶质，开盖即用。它具有优良的耐水性、抗渗性，涂膜柔软、施工方便，室内外均可使用；潮湿基层可固化成膜，黏结力强，可抵抗压力渗透，特别适用于复杂结构；施工厚度约3mm，而且弹张力在300%以上，任何基材的开裂都不会使其开裂，防水效果最好。虽然安全性能控制在环保要求之列，但此种防水涂料的气味较大，一般人难以接受。聚氨酯呈胶状，很稠，施工时需要使用刮板，比较复杂。刷完涂料后需要进行拉毛或者扬砂等表面处理，来增加摩擦性，以便于墙面铺贴。

2.4.3　地面墙面防水工程的施工工艺

1. 施工工序(以厕浴间为例)

(1) 清理施工现场杂物。

(2) 在水电路隐蔽工程验收通过的前提下，对地面及墙面基层进行找平处理。

(3) 局部墙面做防水防潮涂层处理。

(4) 距离地面30cm以下空间进行。

(5) 清理施工现场地面沙土，二次检查下水管路是否畅通(见图2-11)。

图2-11　清理施工现场杂物

(6) 清理细节部位，清除空鼓层，修补残缺地面、墙地面交角及管路根部。

(7) 先对细节部位进行防水施工，闭实各排水管口槽、孔洞及穿墙管路根部。

(8) 冲刷厕浴间地面，确保整体地面在施工前无浮尘、无沙石、无杂物。

(9) 进行地面防水整体施工，按照先墙面后地面的原则施工，注意与原有墙体局部防水施工面进行工程衔接，不得有施工遗漏。

(10) 对过门处的沿体处理，加做止水沿体，高度满足试水条件，但不宜过高，以免影响过门石的铺装。

(11) 工程完毕后再次检查防水层有无瑕疵，确保无遗漏、无疏忽，细节处理到位。

(12) 等待防水彻底干透后，进行闭水试验。

2. 施工要求

(1) 地面找平层的泛水坡度应在2% (即1：50) 以上，不得局部积水，与墙交接处及转角处、管根部，均要抹成半径为10mm 的均匀一致、平整光滑的小圆角，要用专用抹子。凡是靠墙的管根处均要抹出5%(1：20)的坡度，避免此处积水。

(2) 应将涂刷防水层的基层表面上的尘土、杂物清扫干净，表面残留灰浆硬块及高出部分应刮平。对管根周围不易清扫的部位，应用毛刷将灰尘等清除。如有坑洼不平处或阴阳角未抹成圆弧处，可用众霸胶：水泥：砂=1：1.5：2.5的砂浆修补。

(3) 基层做防水涂料之前，在突出地面和墙面的管根、地漏、排水口、阴阳角等易发生渗漏的部位，应做附加层增补(见图2-12)。

图2-12 管根部位防水处理

(4) 厕浴间墙面按设计要求及施工规定：四周至少由地面上返30cm作为墙体防水铺设的基本尺度，淋浴房应将防水做到180cm，如果摆设浴缸，与浴缸相邻的墙面防水高度应比浴缸高出30cm，以防积水渗透墙面返潮。墙面基层抹灰要压光，要求平整，无空鼓、裂缝、起砂等缺陷，穿过防水层的管道及固定卡具应提前安装，并在距管50mm 范围内凹进表层5mm，管根做成半径为10mm的圆弧。

3. 施工方法

(1) 基层处理方法：按照上述施工要求对墙面地面找平层进行处理，对基层表面进行清洁，对基层表面砂浆块、残留颗粒或突起物应用铲刀削平。

(2) 细节处理：按照上述施工要求清理基层表面，对墙体与地面、地面与管道接角处按规定进行修补，并针对细部进行加层防水处理。

(3) 涂刷防水涂料：

① 根据所采用的防水种类，通过直接或按照配比搅拌均匀的方式，采用滚涂、涂刷、喷浆等方法进行施工。防水如需搅拌，可在对防水涂料均匀搅拌后，停放10分钟，再进行使用。涂刷过程中如发现防水中有搅拌气泡，应及时刷平，挤出空气。

② 施工前确保工地干净、干燥，第一遍防水涂料要涂满，无遗漏，与基层结合牢固，无裂纹，无气泡，无脱落现象。使用硬毛刷、滚筒将防水均匀地涂刷在墙地面基层上，确保涂刷高度一致，防水总厚度要达到产品规定要求。一般要求防水总厚度为1.5～2.0mm，可分2～3遍涂刷，单次涂层厚度不得超过1mm，以利于养护固化。

③ 第二三层的涂刷方向应与上一层涂刷方向相垂直，以利于达到最好的覆盖效果。应注意每层防水涂料间需要有一定时间间隔，待第一遍涂料干透后才能进行第二遍，具体时间应视涂料而定。

④ 防水层做好后要搁置2～3天，让防水层与建筑更好地融为一体。进行蓄水试验，经检验确认合格后，方可进行下道工序施工。

(4) 防水层保护：

① 防水层完成后，养护期间不得上人走动。待闭水试验验收后，施工人员应对地面非施工范围进行防水层保护。

② 铺设保护层时应对防水层表面沙土进行清扫，观察防水层是否与基层结合牢固，无裂纹，无气泡，无脱落。保护层要依据工序衔接安排进行有效防护，确保非施工区域保护层完全覆盖防水层，绝无遗漏。

③ 实际施工过程中防水施工工序安排略微有所不同：有时墙地面防水统一施工，一次成型，有时穿插于墙地面铺贴工程之中，但基本施工要求一致。其根本目的就是要保证地面防水工程的完整性，尽可能避免对地面防水层造成不必要的人为损伤。

2.4.4 地面墙面防水工程的验收

(1) 核对防水产品相关信息，了解产品使用方法，对产品应有的相关合格证书进行查阅。

(2) 在涂刷基层处理时，应按照施工要求仔细核对施工工序，对于施工表面，应认真检查，避免基层表面出现孔洞、裂纹或未经处理的基层缺陷；阴阳夹角、管道根部是否进行圆角处理，基层表面是否进行坡度处理。应使用手触、目测和清水冲刷观察自流方向的方法进行检测。

(3) 查看卫浴间不同位置，防水高度是否达到要求，防水厚度是否达到标准，防水表面是否按照产品说明进行拉毛或扬砂处理；防水涂层表面是否均匀，有无起泡、空鼓、皱折、露胎、起皮等现象发生。应采用卷尺、手触、目测的方法逐一检查。

(4) 注水后即可进行闭水试验，闭水试验蓄水高度不低于20mm，对于轻质墙体应对其表面进行淋水试验。试验期间观察蓄水量是否快速减少，楼层下方有无渗透现象，墙体外侧有无渗水现象，相邻空间地面有无泛水水渍。如无渗漏现象视为试验合格(见图2-13)。

图2-13 注水后即可进行闭水试验

(5) 墙地砖铺设完工后，应进行二次蓄水试验，检查后续工程对防水层有无破坏，有无渗漏现象发生，地砖铺设角度是否合理，地面积水能否及时排除。

复习题

1. 简述隐蔽工程的概念及分类。
2. 简述隐蔽工程设计的原则。
3. 简述给排水管路铺装工程的基本内容。
4. 简述强弱电管线铺装工程的基本内容。
5. 简述地面墙面防水工程的基本内容及注意事项。

第3章

抹灰工程装饰构造与施工工艺

模块概述：

抹灰是将各种砂浆、装饰性水泥石子浆等涂抹在建筑物的墙面、地面、顶棚等表面上。抹灰工程是最直接也是最初始的装饰工程。抹灰层能够使建筑物或建筑的结构部分不受周围环境一些不利因素如雨、雪、风、霜、日照、潮湿、有害气体等的侵蚀，从而提高其使用寿命，能对室内空间起到保温、隔热、防潮、隔音、防止风化的作用，并能使建筑物或构筑物的表面平整光洁，从而有一定的装饰效果。

学习目标

通过本章的学习，要求熟悉抹灰工程的概念、构造、分类，抹灰工程构造层次和做法，以及抹灰工程装饰构造的结构及特点，掌握各类抹灰工程装饰构造及施工工艺。

教学重点

1. 一般抹灰饰面构造原理及施工工艺。
2. 装饰抹灰饰面构造原理及施工工艺。
3. 特殊抹灰饰面构造原理及施工工艺。

技能目标

1. 能绘制各类抹灰工程的构造原理图。
2. 能叙述各类抹灰工程的基本施工工艺。
3. 能针对不同需求选取适当的抹灰工艺与构造方法。

建议学时： 4学时

3.1 概　　述

抹灰是将各种砂浆、装饰性水泥石子浆等涂抹在建筑物的墙面、地面、顶棚等表面上。抹灰工程是最直接也是最初始的装饰工程。

3.1.1　抹灰工程的功能

1．使用功能

通过抹灰，建筑物或建筑物表面被附加了一层面层材料。根据不同的要求，使用不同的材料，能够满足保温、隔热、防潮、隔音、防止风化等方面的要求。

2．装饰功能

抹灰后，建筑物或建筑物件表面平整光洁，能够有一定的装饰效果。依据不同的装饰要求可采用多种装饰面材。

3．保护功能

抹灰层能够使建筑物或建筑的结构部分不受周围环境一些不利因素如雨、雪、风、霜、日照、潮湿、有害气体等的侵蚀，从而提高其使用寿命。

3.1.2　抹灰工程的基本构造原理

抹灰一般分三层，即底层、中层和面层，如图3-1所示。底层主要起与基层黏结和初步找平作用，中层起找平层的作用，面层起装饰的作用。

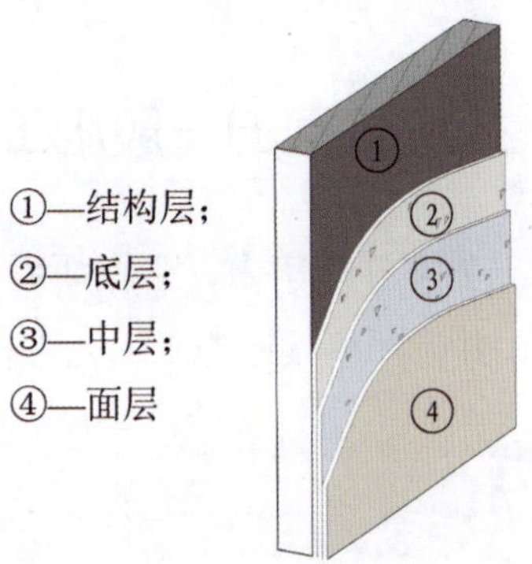

图3-1　一般抹灰的构造示意图

3.1.3　抹灰装饰工程的分类

抹灰工程按使用的材料和装饰效果分为一般抹灰、装饰抹灰和特殊抹灰。

一般抹灰所用的材料有水泥砂浆、水泥混合砂浆、聚合物水泥砂浆、膨胀珍珠岩水泥砂浆、石灰砂浆、麻刀灰、纸筋灰、石膏灰等。一般抹灰的装饰效果主要体现为表面平整光洁，有均匀的色泽，轮廓与线条美观、清晰、挺拔等(见图3-2)。

装饰抹灰的底层和中层与一般抹灰相同，但其面层材料往往有较大区别。装饰抹灰的面层材料主要有水泥石子浆、水泥色浆、聚合物水泥砂浆等。装饰抹灰施工时常常需要采用较特殊的施工工艺，如水刷石、斩假石、干粘石、假面砖、喷涂、滚涂、弹涂等。装饰抹灰的装饰效果主要体现为较充分地利用所用材料的质感、色泽等获得美感，能形成较多的形状、纹路和轮廓(见图3-3)。

图3-2 一般抹灰

图3-3 装饰抹灰

特殊抹灰是指为了满足某些特殊的要求(如保温、耐酸、防水等)而采用保温砂浆、耐酸砂浆、防水砂浆等进行的抹灰。

3.2 抹灰工程的一般施工工艺

抹灰的施工顺序一般应遵循“先室外后室内，先上面后下面，先顶棚后墙面”的原则。抹灰施工要具备相应的施工条件，并应严格按照施工工艺进行操作。

3.2.1 一般抹灰饰面施工工艺

1. 抹灰工程的施工条件

(1) 主体结构验收是否合格。

(2) 水电预埋管线、配电箱外壳安装是否正确，是否做过压力测试。

(3) 门窗框是否安装且安装牢固，是否采取了保护措施。

(4) 其他相关设施是否安装并被保护。

2. 施工工艺

一般抹灰的施工工艺为：基层处理→灰饼、冲筋→抹底层灰→抹中层灰→抹罩面灰。

1) 基层清理

一般抹灰工程基层处理的目的是为了确保不同材料的基层与抹灰层黏结牢固，所以在抹灰前基层表面的尘土、疏松物、脱模剂、污垢和油渍等应清除干净；基体表面光滑，抹灰前应做毛化处理；外墙抹灰工程施工前应先安装钢门窗框、护栏等，并应将墙上的施工孔洞堵塞密实。抹灰前基体表面应洒水润湿；室内墙面、柱面和门洞口的阳角做法应符合设计要求；设计无要求时，应采用1：2水泥砂浆做暗护角，其高度不应低于2m，每侧宽度不应小于50mm；不同材料基体交接处表面的抹灰，应采取防止开裂的加强措施，当采用加强网时，加强网与各基体的搭接宽度不应小于100mm；在混凝土表面抹灰，一般采用刷隔离层的做法，即润湿后涂刷1：1水泥砂浆(加适量胶黏剂)；加气混凝土应在湿润后，抹强度不小于M5的水泥混合砂浆。

2) 浇水湿润

一般在抹灰前一天，用软管或胶皮管或喷壶顺墙自上而下浇水湿润，每天宜浇两次。

3) 吊垂直、套方、找规矩、做灰饼

根据设计图纸要求的抹灰质量，根据基层表面平整垂直情况，用一面墙做基准，吊垂直、套方、找规矩，确定抹灰厚度，抹灰厚度不应小于7mm。当墙面凹度较大时应分层衬平，每层厚度不大于7～9mm。操作时应先抹上灰饼，再抹下灰饼。灰饼是在墙面的一定位置上抹上砂浆团，以控制抹灰层的平整度、垂直度和厚度。具体做法是：从阴角处开始，在距顶棚约200mm处先做两个灰饼(上灰饼)，然后对应在踢脚线上方200～250mm处做两个下灰饼，再在中间按1200～1500mm间距做中间灰饼。灰饼大小一般以40～50mm为宜。灰饼的厚度为抹灰层厚度减去面层灰厚度。抹灰饼时应根据室内抹灰要求确定灰饼的正确位置，再用靠尺板找好垂直与平整。灰饼宜用1：3水泥砂浆抹成5cm见方形状。房间面积较大时应先在地上弹出十字中心线，然后按基层面平整度弹出墙角线，随后在距墙阴角100mm处吊垂线并弹出铅垂线，再按地上弹出的墙角线往墙上翻引弹出阴角两面墙上的墙面抹灰层厚度控制线，以此做灰饼，然后根据灰饼冲筋。冲筋(也称标筋)是在上下灰饼之间抹上浆带，同样起控制抹灰层平整度和垂直度的作用。冲筋宽度一般为80～100mm，厚度同灰饼，冲筋应抹成八字形(底宽面窄)，要检查冲筋的平整度和垂直度。

4) 抹水泥踢脚(或墙裙)

根据已抹好的灰饼冲筋(此筋可以冲得宽一些，8～10cm为宜，因此筋即为抹踢脚或墙裙的依据，同时也作为墙面抹灰的依据)，底层抹1：3水泥砂浆，抹好后用大杠刮平，木抹搓毛，第二天用1：2.5水泥砂浆抹面层并压光，抹踢脚或墙裙厚度应符合设计要求，无设计要求时凸出墙面5～7mm为宜。凡凸出抹灰墙面的踢脚或墙裙上口必须保证光洁顺直，踢脚或墙面抹好后将靠尺贴在大面与上口平，然后用小抹子将上口抹平压光，凸出墙面的棱角要做成钝角，不得出现毛茬和飞棱。

5) 做护角

墙、柱间的阳角应在墙、柱面抹灰前用1：2水泥砂浆做护角，其高度自地面以上2m。然后将墙、柱的阳角处浇水湿润。第一步，在阳角正面立上八字靠尺，靠尺突出阳角侧面，突出厚度与成活抹灰面平。然后在阳角侧面，依靠尺边抹水泥砂浆，并用铁抹子将其抹平，按护角宽度(不小于5cm)将多余的水泥砂浆铲除。第二步，待水泥砂浆稍干后，将八字靠尺移至抹好的护角面上(八字坡向外)。在阳角的正面，依靠尺边抹水泥砂浆，并用铁抹子将其抹平，按护角宽度将多余的水泥砂浆铲除。抹完后去掉八字靠尺，用素水泥浆涂刷护角尖角处，并用捋角器自上而下捋一遍，使其形成钝角。

6) 抹水泥窗台

先将窗台基层清理干净，松动的砖要重新补砌好。砖缝划深，用水润透，然后用1：2：3豆石混凝土铺实，厚度宜大于2.5cm。次日刷胶黏性素水泥一遍，随后抹1：2.5水泥砂浆面层，待表面达到初凝后，浇水养护2～3天。窗台板下口抹灰要平直，没有毛刺。

7) 墙面冲筋

当灰饼砂浆达到七八成干时，即可用与抹灰层相同的砂浆冲筋，冲筋根数应根据房间的宽度和高度确定。一般冲筋宽度为5cm，两筋间距不大于1.5m。当墙面高度小于3.5m时宜做立筋，大于3.5m时宜做横筋。做横向冲筋时，灰饼的间距不宜大于2m(见图3-4)。

图3-4　冲筋

8) 抹底灰

一般情况下，冲筋完成2小时左右开始抹底灰为宜，抹前应先抹一层薄灰，要求将基体抹严实，抹时用力压实，以使砂浆挤入细小缝隙内，接着分层装档、抹与冲筋平，用木杠刮

找平整，用木抹子搓毛。然后全面检查底子灰是否平整，阴阳角是否方直、整洁，管道后与阴角交接处、墙顶板交接处是否光滑平整、顺直，并用托线板检查墙面垂直与平整情况。散热器后边的墙面抹灰，应在散热器安装前进行，抹灰面接槎应平顺，地面踢脚板或墙裙、管道背后应及时清理干净，做到活完底清。抹底层灰前，应清扫干净楼板底的浮灰、砂浆残渣，清洗掉油污以及模板隔离剂，并浇水湿润。为使抹灰层和基层黏结牢固，可刷一道水泥胶浆。抹底层灰时，抹压方向应与模板纹路或预制板板缝相垂直，应用力将砂浆挤入板条缝或网眼内。

9) 修抹预留孔洞、配电箱、槽、盒

当底灰抹平后，要随即由专人把预留孔洞、配电箱、槽、盒周边5cm宽的石灰砂刮掉，并清除干净，用大毛刷沾水沿周边刷水湿润，然后用1：1：4水泥混合砂浆，把洞口、箱、槽、盒周边压抹平整、光滑。

10) 抹中灰层

底灰层七八成干(用手指按压有指印但不软)时即可抹中灰层。操作时一般按自上而下、从左向右的顺序进行。先在底层灰上洒水，待其收水后在冲筋之间装满砂浆，用刮尺刮平，并用木抹子来回搓抹，去高补低。搓平后用2m靠尺检查，超过质量标准允许偏差时应修整至合格。抹中灰层时，抹压方向应与底层灰抹压方向垂直，抹灰应平整。

11) 抹罩面灰

应在中灰层六七成干时开始抹罩面灰(抹时如中灰过干应浇水湿润)，罩面灰两遍成活，厚度约2mm，操作时最好两人同时配合进行，一人先刮一遍薄灰，另一人随即抹平。依先上后下的顺序进行，然后赶实压光，压时要掌握火候，既不要出现水纹，也不可压活，压好后随即用毛刷蘸水将罩面灰污染处清理干净。施工时整面墙不宜甩破活，如遇有预留施工洞时，可甩下整面墙待抹为宜。

12) 阴阳角抹灰

用阴阳角方尺检查阴阳角的直角度，并检查垂直度，然后定抹灰厚度，浇水润湿。

用木质阴角器和阳角器分别进行阴阳角处抹灰，先抹底层灰，使其基本达到直角，再抹中层灰，使阴阳角方正。阴阳角找方应与墙面抹灰同时进行。

13) 顶棚抹灰

顶棚抹灰可不做灰饼和标筋，只需在四周墙上弹出抹灰层的标高线(一般从500mm线向上控制)。顶棚抹灰的顺序宜从房间向门口进行。

经调研发现，进行混凝土(包括预制混凝土)顶棚基体抹灰时，由于各种因素的影响，抹灰层脱落的质量事故时有发生，严重危及人身安全。北京市有关部门要求各建筑施工单位，不得在混凝土顶棚基体表面抹灰，用泥子找平即可，此举已经取得了良好的效果。

3.2.2 装饰抹灰饰面施工工艺

装饰抹灰的做法很多，下面介绍一些常用的装饰抹灰做法。

1．水刷石施工

水刷石也称水洗石、洗石、水冲石，是一种传统的外墙装饰做法。由于其耐久性好、施工工艺简单、造价低，目前还在大量采用(见图3-5)。

图3-5 水刷石

水刷石的施工工艺流程为：抹灰中层验收→弹线、粘分格条→磨面层水泥石子浆→冲洗→起分格条、修整→养护。

施工要点如下。

1) 弹线、粘分格条

待中层灰六七成干并验收合格后，按照设计要求进行弹线分格，并粘贴好分格条。

2) 抹水泥石子浆

浇水湿润，刷一道水泥浆，随即抹水泥石子浆。水泥石子浆中的石子颗粒应均匀、洁净、色泽一致，水泥石子浆稠度以50～70mm为宜。抹水泥石子浆应一次成活，用铁抹子压紧搓平，但不应压得过死。每一分格内抹石子浆应按自上而下的顺序。阳角处应保证线条垂直、挺拔。

3) 冲洗

冲洗是确保水刷石施工质量的重要环节。

冲洗可分两遍进行：第一遍先用软毛刷刷掉面层水泥浆露出石粒，第二遍用喷雾器从上往下喷水，冲去水泥浆，使石粒露出1/3～1/2粒径，达到显露清晰的效果。

开始冲洗的时间与气温和水泥品种有关，应根据具体情况掌握。一般以能刷洗掉水泥浆而又不掉石粒为宜，冲洗应快慢适度，冲洗按照自上而下的顺序，冲洗中还应做好排水工作。

4) 起分格条、修整

冲洗后随即起出分格条，起条应小心仔细，对局部可用素水泥浆修补，要及时对面层进行养护。对外墙窗台、窗楣、雨棚、阳台、压顶、檐口以及突出的腰线等部位，应做出泄水坡度，并做滴水或滴水线。

2．干粘石施工

干粘石是由水刷石演变而来的一种工艺。与水刷石相比，干粘石施工操作简单，减少了湿作业，因此在不少地方得到了推广(见图3-6)。

图3-6　干粘石

干粘石的施工工艺流程为：抹灰中层验收→弹线、粘分格条→抹黏结层砂浆→撒石子、拍平→起分格条、修整。

施工要点如下。

1) 抹黏结层砂浆

浇水湿润，刷一道素水泥，抹水泥浆黏结层。黏结层砂浆厚度为4～5mm，稠度以60～80mm为宜，黏结层应平整，阴阳角应方正。

2) 撒石子、拍平

在黏结层砂浆干湿适宜时可以用手甩石粒，然后用铁抹子将石粒均匀拍入砂浆中，甩石粒应遵循“先边角后中间，先上边后下面”的原则，在阳角处应同时进行。甩石粒应尽量使石粒分布均匀，当出现过密或过稀处时一般不宜补甩，应直接剔除或补粘。拍石粒时也应用力合适，一般以石粒进入砂浆不小于其粒径的一半为宜。

3) 修整

如局部有石粒不均匀、表面不平、石粒外露太多或石粒下坠等情况，应及时进行修整。起分格条时如局部出现破损也应用水泥浆修补，要使整个墙面平整、色泽均匀、线条顺直清晰。

3．斩假石施工

斩假石又称剁斧石，其做法是先抹水泥石子浆，待其硬化后用专用工具(剁斧、单刀或多刃斧、凿子等)斩剁，使其具有仿天然石纹的纹路(见图3-7)。

图3-7　斩假石墙面

斩假石的施工工艺流程为：抹底层、中层灰→弹线、粘分格条→抹面层水泥石子浆→养护→斩剁石纹→清理。

施工要点如下。

1) 抹面层水泥石子浆

斩假石石子浆石粒常用粒径为2mm的白色米粒石，内掺30%粒径为0.3mm的白云石，按

照1：1.25～1：5的配比，稠度为50～60mm。

面层水泥石子浆一般两遍成活，厚度一般为10～11mm，先薄薄抹一层，待稍收水后再与分格条抹平。第二层收水后用木抹子拍实，应上下顺势溜直，不得有砂眼、空隙。分格条内的水泥石子浆应一次抹完。抹完后可用软毛刷蘸水顺纹清扫，刷去表面浮浆至石粒显露。应加强对面层水泥石子浆的养护，要避免暴晒和冰冻。

2) 斩剁

常温下，面层养护2～3天后即可试剁。试剁以面层石粒不掉、容易出剁痕、声音清脆为准，斩剁顺序应遵循“先上后下、先左后右、先转角和周边后中间”的原则。转角和周边剁水平纹，中间剁竖直纹。先轻剁一遍，再覆盖着前一遍的剁纹深剁。剁纹应深浅一致，深度不超过石粒粒径的1/3。对墙角和柱子边缘要防止缺棱掉角。

3) 清理

斩剁完成后应冲洗，并修补好分格缝处。

4．假面砖施工

假面砖又称仿釉面砖，是采用掺氧化铁和颜料的水泥砂浆，用手工操作，模拟面砖装饰效果的一种饰面做法。其一般适用于外墙装饰(见图3-8)。

图3-8　假面砖

假面砖抹灰应做两层：第一层为砂浆垫层(13mm厚)，第二层为面层(34mm厚)。因所用砂浆不同，其有两种做法：方法一，第一层砂浆垫层用1∶0.3∶3水泥石灰混合砂浆，第二层用饰面砂浆或饰面色浆；方法二，第一层砂浆垫层用1∶1水泥砂浆，第二层用饰面砂浆。

操作时的注意事项如下。

(1) 应按比例配制好砂浆或色浆，拌和均匀。

(2) 在第一层具有一定强度和第二层完成后，沿靠尺由上向下用铁梳子划纹。

(3) 根据假面砖的宽度用铁钩子沿靠尺横向划沟，深度为34mm，露出第一层即可。

(4) 要清扫干净。

3.2.3 特殊抹灰饰面施工工艺

1. 钡砂(重晶石)砂浆抹灰

钡砂(重晶石)砂浆是一种防放射性的防护材料，对X射线有阻隔作用，常用于X射线探伤室、X射线治疗室、同位素实验室等墙面抹灰。

钡砂砂浆抹灰的施工要点如下。

(1) 在拌制砂浆时水应加热到50℃左右。

(2) 按比例先将重晶石石粉与水泥混合，然后再与砂子、钡粉拌和，加入水中搅拌均匀。

(3) 处理好基层。

(4) 按设计要求分层操作。一般每层34mm，每天抹一层，各层应横竖相同且不留施工缝。各层施工后如发现裂缝，必须铲除后重抹。每层抹完后半小时要再压一遍，表面要划毛，最后一遍待收水后压光。

(5) 阴阳角抹成圆弧形，以免棱角开裂。

(6) 每天抹灰后，昼夜浇水养护不少于5次，全部抹灰完成后应关闭门窗一周，地面上要浇水，以保持足够的湿度。

2. 膨胀珍珠岩砂浆抹灰

膨胀珍珠岩砂浆抹灰的施工要点如下。

(1) 采用底层、中层、面层三次抹灰时，基层需要适当润湿，但不宜过湿；采取直接抹罩面灰时(一般用于基层较平整时)，基层可涂1∶56的108胶或白乳胶。

(2) 分层操作时，灰浆稠度宜在100mm左右，不宜太稀。应注意各层之间的间隔时间。

(3) 直接抹罩面灰时，厚度应小，一般以2mm左右为宜，应随抹随压。

(4) 灰浆拌制时，应先干拌均匀再加水拌匀。

(5) 可以采用喷涂法施工，喷涂时应注意调整风量、水量。当施工对象为墙面、屋面时，喷嘴与基层的角度以90°为宜，喷顶棚时以45°为宜。

复习题

1. 简述抹灰工程的作用及分类。
2. 简述抹灰工程的基本构造原理。
3. 简述一般抹灰工程的施工工艺。
4. 简述装饰抹灰工程的构造原理及一般施工工艺。

第4章

楼地面装饰构造与施工工艺

模块概述：

楼地面装饰是室内设计的主要组成部分，是底层地面和楼层地面的总称，它包括楼面装饰和地面装饰两部分。两者的主要区别是其饰面承托层不同，楼面装饰面层的承托层是架空的楼面结构层；地面装饰面层的承托层是室内回填土，无论是底层地面装饰层还是楼层地面装饰层都是人们生活、工作、生产等活动中直接接触的构造层次，也是地面承受各种物理化学作用的表面层。因此，根据不同的使用要求，面层的构造也各不相同，但无论何种构造的面层，除应满足使用者基本使用功能外，设计中还要满足和具有一定的装饰效果。

学习目标

通过本章的学习，要求掌握室内楼地面装饰的功能、作用和分类，并且能够根据具体的装饰要求和装饰效果，合理选择装饰面层和所用材料，并能绘制出各类楼地面的装饰构造图。

教学重点

1. 整体楼地面的基本构造组成与施工工艺。
2. 块材楼地面构造层次与施工工艺。
3. 木楼地面的构造层次与施工工艺。
4. 软质制品地面的装饰特点及构造形式。
5. 楼地面特殊部位的构造做法。

技能目标

1. 能绘制各类楼地面的构造组成。
2. 能叙述楼地面的基本施工工艺。
3. 能从不同角度对楼地面进行分类。

建议学时：4学时

4.1 概　　述

楼地面装饰工程中面层是楼地面的表层，即装饰层，它直接受外界各种因素作用。地面的名称通常以面层所用的材料来命名，如水泥砂浆地面、塑料地面等(见图4-1至图4-4)。根据使用要求不同，对面层的要求也不相同。例如，面层要求有足够的强度和耐磨性，不起尘、平整、防水，易于清扫，美观、舒适，有一定的弹性和较小的热导率，并要求尽量做到适用、经济、就地取材。

楼地面饰面的功能，通常可分为三个方面：一是保护作用；二是保证使用条件；三是满足一定的装饰要求。

图4-1　涂饰地面

图4-2　石材地面

图4-3　软质地面

图4-4　木地面

4.1.1 基本使用和装饰功能要求

1. 保护作用

楼地面的饰面层在一般情况下是不承担保护地面主体结构材料这一功能的，但在类似加气混凝土楼板以及较为简单的楼地面做法等情况下，因构成地面的主体材料的强度比较低，此时，就有必要依靠面层来解决耐磨损、防磕碰以及防止水渗漏而引起楼板内钢筋锈蚀等问题。这时做楼地面的目的就不仅仅在于创造良好的使用条件，同时也是为了保护楼板、地坪不受损坏。例如，有些楼地面为考虑防止酸性物质侵蚀，在原有楼面或地面上做玻璃钢或玻璃钢树脂砂浆保护层等。

2. 使用功能

为了创造良好的生产、生活和工作环境，无论何种建筑物，一般都需要对楼地面进行装修，不仅能改善室内外清洁、卫生条件，而且能增加建筑物的采光、保温、隔热、隔声性能。

1) 隔声要求

隔声要求包括隔绝空气声和隔绝撞击声两个方面。当楼地面材料的密度比较大时，空气的隔绝效果较好，且有助于防止因发生共振现象而在低频时产生的吻合效应等。撞击声的隔绝，其途径主要有三个：一是采用浮筑或所谓夹心地面的做法；二是脱开面层的做法；三是采用弹性地面的做法。前两种做法构造施工都比较复杂，而且效果也都不如弹性地面。近几年，由于弹性地面材料的发展，为解决撞击声隔绝创造了条件，前两种做法也就较少采用了。

2) 保温性能要求

保温性能要求涉及材料的热传导性能及人的心理感受两个方面。从材料特性的角度考虑，水磨石地面、大理石地面等都属于热传导性能较高的材料，而木地板、塑料地面等则属于热传导性能较低的地面。从人的感受角度加以考虑，就是要注意人会将对某种地面材料的导热性能的认识用来评价整个建筑空间的保温特性这一问题。因此，对于地面做法的保温性能的要求，宜结合材料的导热性能、暖气负载与冷气负载的相对份额的大小、人的感受以及人在这一空间的活动特性等因素综合考虑。

3) 弹性要求

当一个不太大的力作用于一个刚性较大的物体，如混凝土楼板时，根据作用力与反作用力的原理可知，此时楼板将作用于它上面的力全部反作用于施加这个力的物体之上。与此相反，如果是有一定弹性的物体，如橡胶板，则反作用力要小于原来施加的力。因此，一些装饰标准较高的建筑的室内地面，应尽可能地采用具有一定弹性的材料作为地面的装饰面层。

对于民用建筑，一般不采用弹性地面，而要求较高的公共建筑应采用弹性地面。

4) 吸声要求

对于在标准较高、使用人数较多的公共建筑中有效地控制室内噪声，是具有积极的功能意义的。一般来说，表面致密光滑、刚性较大的地面做法，如大理石地面，对于声波的反射能力较强，基本上没有吸音能力。而各种软质地面做法，却可以起到比较大的吸声作用，例如纺织簇绒地毯平均吸声系数为65%左右，化纤地毯的平均吸声系数为55%。

5) 其他要求

不同的楼地面使用要求各不相同，对于计算机机房的楼地面，应要求具有防静电的性能；对于有水作用的房间，楼地面装饰应考虑抗渗漏、排积水等；对于有酸、碱腐蚀的房间，应考虑耐酸碱、防腐蚀等。

3．装饰要求

楼地面的装饰是整个装饰工程的重要组成部分，对整个室内的装饰效果有很大影响。楼地面的装饰和顶棚的装饰能从整体的上下对应，以及上下界面通过巧妙的组合，使室内产生优美的空间序列感。楼地面的装饰与空间的实用机能也有紧密的联系，例如，室内行走路线的标志具有视觉诱导的功能。楼地面的图案与色彩设计，对烘托室内环境气氛与风格具有一定的作用。此外，楼地面饰面材料的质感，可与环境共同构成统一对比的关系。例如，环境要素中，质感的主基调为精细，楼地面饰面材料如选择较粗的质感则可产生鲜明的效果。

因此，装饰设计要结合空间的形态、家具饰品的布置、人的活动状况及心理感受、色彩环境、图案要求、质感效果和该建筑的使用性能等因素予以综合考虑，妥善处理楼地面的装饰效果和功能要求之间的关系。

4.1.2 楼地面的基本构造组成及作用

楼地面一般是由承受荷载的基层(结构层)、垫层(中间层)和满足使用要求的面层(装饰层)三部分组成。有的楼地面为了找平、隔声、保温或敷设管线等功能上的要求，在垫层中间还要增加功能层。由于楼面装饰面层的承托层是架空的楼面结构层，所以楼面饰面要注意防渗、透、漏问题；地面装饰面层的承托层是室内回填土，所以地面饰面要注意防潮问题。

1．基层(结构层)

基层是楼地面的结构承重部分，其作用是承受其上的全部荷载，并将其传给墙、柱或地基。底层地面的基层一般指夯实的回填土层，回填土多为素土或加入石灰、碎砖、碎石或爆破石碴。淤泥、腐殖土、冻土、耕植土、膨胀土和有机物含量大于8%的土，均不能用作地面的填土，以免引起地面的不均匀沉陷，继而引起面层开裂。对楼面而言，基层就是楼板结构本身，一般是现浇或预制钢筋混凝土楼板。由于基层承受面层传来的所有荷载，因此，要求

基层应坚固、稳定。

2．垫层(中间层)

垫层位于基层之上，其作用是将上部的各种荷载均匀地传给基层，同时还起着隔声和找平作用。垫层按材料性质的不同，分为刚性垫层和非刚性垫层两种。刚性垫层有足够的整体刚度，受力后不产生塑性变形，如低强度等级混凝土、碎砖三合土等；非刚性垫层无整体刚度，受力后会产生塑性变形，如砂、碎石、矿渣等散状材料。

当楼地面的基本构造层不能满足使用要求和构造要求时，可增设填充层、隔声层、保温层、找平层、结合层等其他功能构造层。

3．面层(装饰层)

面层是楼地面的表层，即装饰层，它直接受外界各种因素作用。根据使用要求不同，对面层的要求也不相同。例如，面层要求有足够的强度和耐磨性，表面平整，易于清扫，有一定的弹性和较小的热导率，并要求尽量做到适用、经济、就地取材。地面的名称通常以面层所用的材料来命名，如水泥砂浆地面、马赛克地面、地砖地面、大理石地面、花岗石地面、木地板地面等，无论选择哪一种材料作为面层材料，除了满足使用功能之外，还是装饰设计的重点(见图4-5、图4-6)。

04

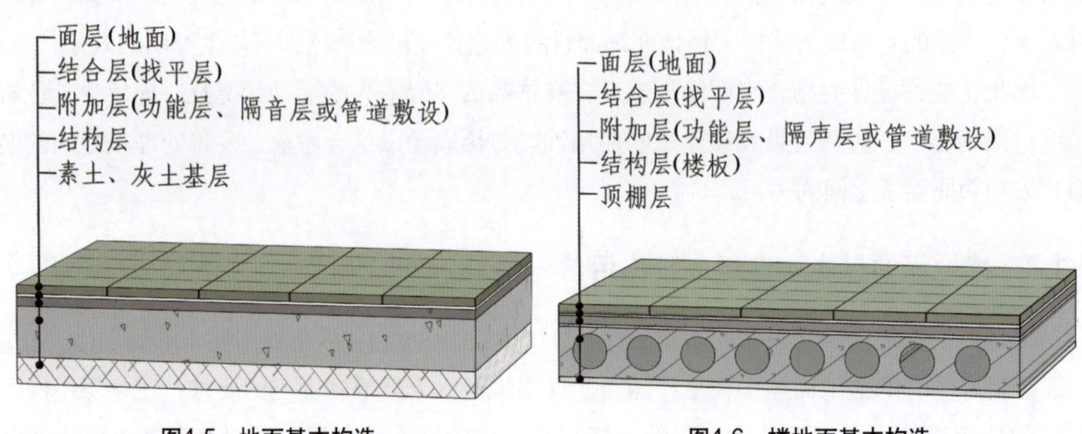

图4-5　地面基本构造　　图4-6　楼地面基本构造

4.1.3　楼地面装饰工程的分类

楼地面饰面的分类方法有很多种，可以从不同的角度来进行分类。根据楼地面饰面装饰效果分类，可以划分为美术地面、席纹地面、拼花地面等。根据材料分类，可分为水磨石楼地面、陶瓷地面砖楼地面、花岗岩楼地面、大理石楼地面、地砖楼地面、木楼地面、橡胶地毯楼地面、地毯楼地面等。根据构造方法和施工工艺分类，可以分为整体楼地面(现浇水磨石地面等)、块材楼地面(陶瓷地面砖楼地面、花岗岩楼地面、大理石楼地面、地砖楼地面等)、

木竹楼地面、软质制品楼地面(橡胶地毯楼地面、地毯楼地面等)、涂饰楼地面。根据用途分类，可以分为防水楼地面、防腐蚀性楼地面、弹性楼地面、隔声楼地面、发光楼地面、保温楼地面等(见图4-7至图4-10)。

图4-7　地毯地面

图4-8　复合木地板地面

图4-9　涂饰地面

图4-10　石材地面

4.2　整体楼地面装饰的基本构造与施工工艺

楼地面是室内空间界面中使用最频繁的部位，因此它的质量影响着整幢建筑物。整体楼地面的构造特点是以凝胶材料、骨料和溶液的混合体现场整体浇注抹平而成，从材料和施工工艺的角度来看，它属于抹灰类构造。

整体楼地面的形式包括水泥砂浆地面、细石混凝土地面、现浇水磨石地面等。

4.2.1 水泥砂浆地面

水泥砂浆地面是应用最为广泛的一种地面做法，其特点是造价低廉、施工简便、坚固耐磨，且防潮、防水。其不足之处是该地面施工操作不当，容易产生起灰、起砂、脱皮等现象，另外在使用中有冷、硬、响的缺点。

水泥砂浆地面的构造做法：水泥砂浆地面有双层和单层构造之分，一般使用普通的硅酸盐水泥为胶结料，中沙或粗砂为骨料，在现浇混凝土垫层水泥砂浆找平层上施工。单层的做法为15～20mm厚的1：2.5的水泥砂浆，抹干后待终凝前用铁板压光。双层的做法是15～20mm厚的1：3水泥砂浆打底、找平，再以5～10mm厚的1：1.5或1：2的水泥砂浆抹面、压光。双层构造虽增加了施工程序，延长了施工工期，但容易保证质量，减少了表面干缩时产生裂纹的可能(见图4-11、图4-12)。

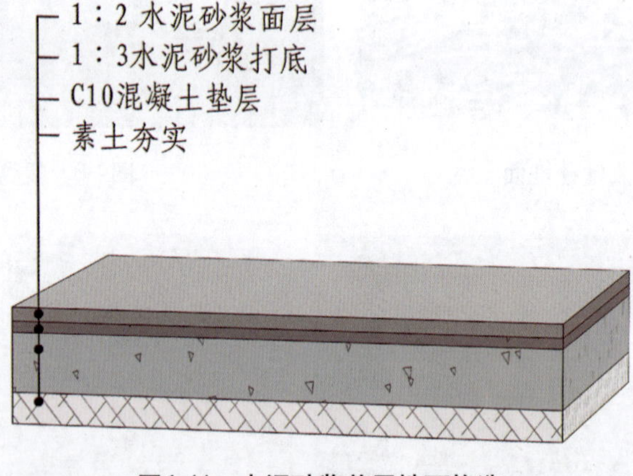

图4-11　水泥砂浆首层地面构造

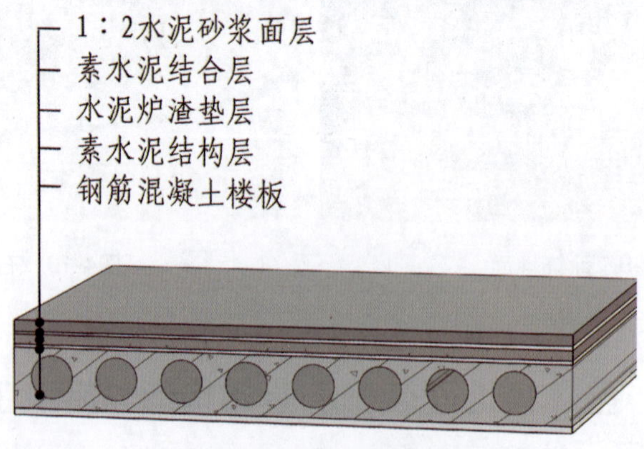

图4-12　水泥砂浆楼面构造

4.2.2 细石混凝土地面

细石混凝土地面又称豆石混凝土，由水泥、砂和石子配比而成。细石混凝土地面的强度高、干缩值小，与水泥砂浆地面相比，它的防水性、抗裂性更好，且不易起砂，但其厚度较大，一般为35～50mm，能够增加结构层上的荷载，通常结合现浇钢筋混凝土地面结构制作。它适用于地基土层较软或抗震要求较高的地面装饰工程，例如工厂车间、建筑物首层等地面。

细石混凝土地面的构造做法：细石混凝土是由1：2：4的水泥、沙和小石子(石子的粒径为5～10mm)配比而成的C20混凝土。水泥的强度等级要求不低于32.5的普通水泥或矿渣水泥。细石混凝土可以直接铺在夯实的素土上或100mm厚的灰土上，也可以直接铺在楼板上作为楼面。一般厚度为30～50mm(见图4-13、图4-14)。

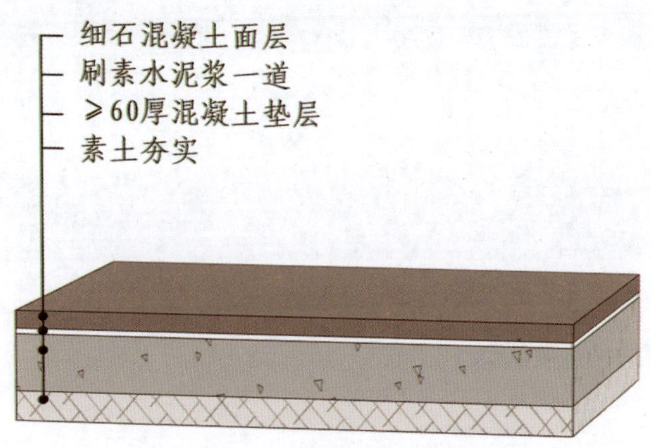

图4-13　细石混凝土首层地面构造

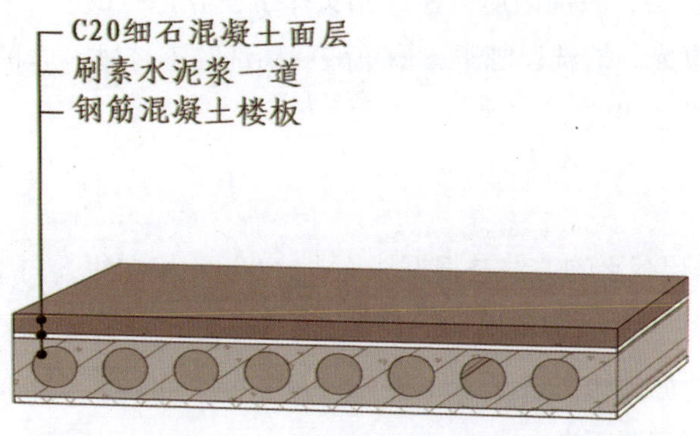

图4-14　细石混凝土地面构造

4.2.3　现浇水磨石地面

现浇水磨石地面是以水泥为胶结料，掺入不同色彩、不同粒径的大理石或花岗岩碎石等中等硬度的石材，经过搅拌、成型、养护、研磨等工序制成的具有一定装饰效果的地面装饰材料。现浇水磨石地面的优点是美观大方、平整光滑、坚固耐久、易于保洁、整体性好，缺点是施工工序多、施工周期长、噪声大、现场湿作业、易形成污染。水磨石地面适用于清洁要求较高或潮湿的场所，如洁净厂房车间、医疗办公用房、厕所、厨房等(见图4-15)。

图4-15 水磨石地面

现浇水磨石地面的构造做法如下。

1．工艺流程

基层找平→设置分格线、嵌固分格条→养护及修复分格条→基层润湿、刷水泥素浆→铺水磨石拌和料→清边排实、滚筒滚压→铁抹拍实抹平→养护→试磨→初磨补粒上浆养护→细磨→补孔上浆养护→磨光→清洗、晾干、擦草酸→清洗晾干打蜡→养护(高级水磨石地面最后一道工序是涂刷树脂类透明胶)。

2．操作要点

(1) 基层找平。基层找平的方法是根据墙面上+500mm标高线，向下测出面层的标高，弹在四周墙上，再以此线为基准，留出10～15mm面层厚度，然后抹1：3水泥砂浆找平层。为保证找平层的平整度，应先抹灰饼(纵横间距1.5mm左右)，再抹纵横标筋，然后抹1：3水泥砂浆用刮杠刮平，但表面不要压光。

(2) 嵌固分格条。在抹好水泥砂浆找平层24小时后，按设计要求在找平层上弹(划)线分格，分格间距以1m左右为宜，要选择好分格条。对铜条、铝条应先调直，并每隔1.0～1.2mm打四个眼，供穿22号铁丝用。彩色水磨石地面采用玻璃分格条，应在嵌条处先抹一条50mm宽的白水泥浆带，再弹线嵌条。嵌条时先用靠尺板按分格线靠直，与分格对齐，将分格条紧靠靠尺板，用素水泥在分格条一侧根部抹成八字形灰埂固定，起尺后再在另一侧抹水泥浆。

水磨石分格条嵌固是一项十分重要的工序，应特别注意水泥浆的粘贴高度和角度，灰埂高度应比分格条顶面高度低4～6mm，角度以45°为宜。分格条纵横交叉处应各留出一定的空隙，以确保铺设水泥石粒浆时使石粒在分格条十字交叉处分布饱满，磨光后美观。如果嵌固抹灰埂不当，磨光后将会沿分格条出现一条明显的水泥斑带，俗称“凸斑”，影响装饰效果。分格条接头不应错位，交点应平直，侧面不得弯曲。嵌固后12小时开始浇水养护2～3天，期间不得进行其他工序(见图4-16)。

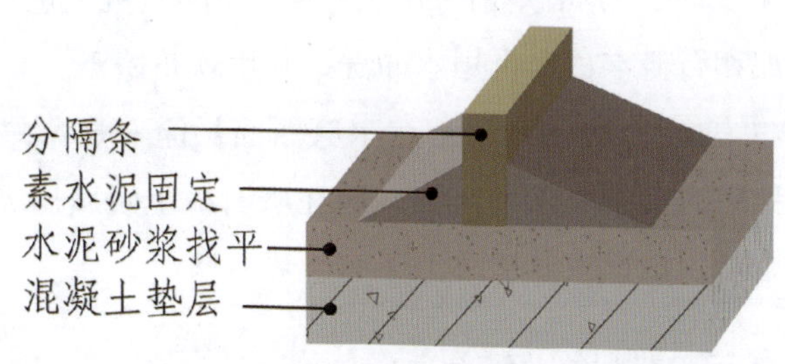

图4-16　分格条

(3) 基层刷素水泥浆。先用清水将找平层洒水润湿，涂刷与面层颜色一致的水泥浆结合层，水灰比为0.4～0.5，亦可在水泥浆内掺胶黏剂。刷水泥浆应与铺拌同步进行，随刷随铺拌和料，涂刷面积不宜过大，以防浆层风干导致面层空鼓。

(4) 水磨石拌和料铺设。按尺寸要求配置拌和好的水磨石料，水泥与石料配合的体积比为1：1.5～1：2.5。先将水泥和颜料干拌均匀后装袋备用，铺设前再将石粒加入彩色水泥粉干拌2～3遍，然后加水湿拌。将石粒浆的坍落度控制在60mm左右，另在备用的石粒中取1/5的石粒，做撒石用。铺设水泥石砂浆时，应均匀平整地铺在分格框内，并高出分格条1～2mm。先用木抹子轻轻将分格条两侧的石粒浆拍紧压实，以免分格条被破坏。而后在表面均匀撒一层石粒，用抹子轻轻拍实压平。如在同一平面上有几种颜色的水磨石，应先做深色，后做浅色；先做大面，后做镶边；待前一种色浆凝固后，再抹后一种色浆。两种颜色的色浆不能同时铺设，以免串色造成界限不清。但间隔时间也不宜过长，以免两种石粒浆干硬程度不同，一般隔日铺设即可。应注意在滚压或抹拍过程中，不要触动前一种石粒浆。

(5) 滚压抹平。随后用滚筒滚压密实，滚压时用力要均匀(要随时清掉黏在滚筒上的石渣)，应从横竖两个方向轮换进行、压实，如发现石粒不均匀处，应补石粒浆后再用铁抹子拍实、压实。次日开始浇水养护。

(6) 试磨。开磨过早易造成石粒松动，开磨过迟则造成磨光困难。所以为掌握相适应的硬度，在大面积开磨前应进行试磨，以面层不掉石粒、水泥浆面基本平齐为准。具体开磨时间与气温高低有关。

(7) 初磨。初磨用60～90号金刚石磨，磨石机走八字形，边磨边加水，并随时用靠尺平整度，直至表面磨平、分格条全部露出(边角采用人工磨)，再用清水冲洗晾干，用同配比水泥浆擦补一遍，补齐脱落的石粒，填平洞眼空隙，浇水养护2～3天。

(8) 细磨和磨光。细磨用90～120号金刚石磨，要求磨至表面光滑。然后用清水冲洗净，擦补第二遍水泥浆，养护2～3天。磨光采用200号金刚石或石油，洒水细磨至表面光亮，要求光滑、无砂眼细孔、石粒颗颗显露。

(9) 酸洗打蜡。酸洗是用10%浓度的草酸溶液(加入1%～2%的氧化铝)进行涂刷，随即用240～320#油石细磨。必要时，可将软布蘸草酸液卷固在磨石机上进行研磨，清除水磨石面上的所有污垢，露出水泥和石料本色，再用水冲洗，并用软布擦干。

上述工作完成后，可进行上蜡。方法是在水磨石面层涂一层薄蜡，稍干后用磨光机研磨，或用钉有细帆布(麻布)的木方块代替石油，装在磨石机上研磨出光，再涂蜡研磨一遍，直到光滑洁亮为止。上蜡后须铺锯末养护(见图4-17、图4-18)。

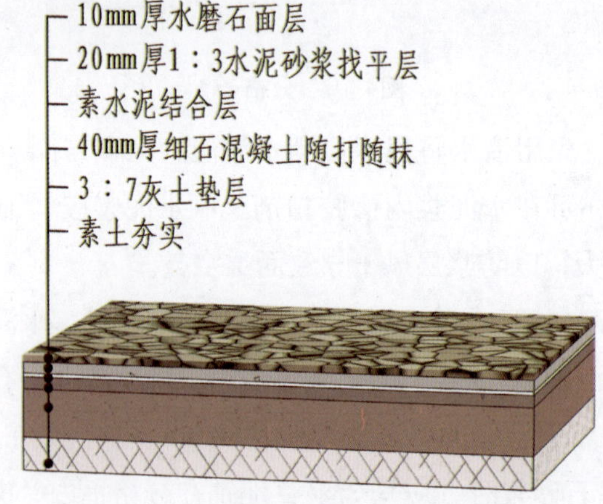

图4-17　现制水磨石首层地面构造

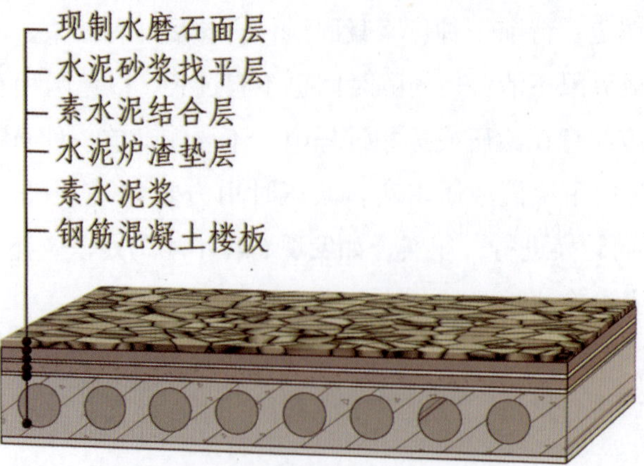

图4-18　现制水磨石楼层地面构造

4.2.4　涂布楼地面

涂布地面，指室内地面装饰以涂层作为饰面的装饰方法。与其他地面装饰方式相比，虽然涂布地面有有效使用年限较短的缺点，但是该地面装饰工艺施工简便、造价较低、自重轻、维修更新方便，因此，在国内外得到了广泛应用。涂布地面以材料和施工工艺分类，可分为指酚醛树脂地板漆等地面涂料形成的涂层和由合成树脂及其复合材料构成的涂布无缝地面两大类。但是在现代的概念中涂布地面特指涂布无缝地面，前者则称为涂料地面(见图4-19)。

图4-19　涂料地面

1. 涂料地面

原始的地面涂料，包括称为地板漆和称为地面涂料的两类产品。地板漆其配置基料为天然植物油和天然树脂，应用于较早时期的地面涂饰，其价格较高，耐磨性差，与水泥地面结合较差，一般只用于木地板的保护漆。

现代的地面涂料是完全采用高分子合成材料的溶剂型产品，其改善了与水泥地面的黏结性能，成本较低，具有一定的抗冲击强度、硬度、耐磨性、抗水性，施工方便，涂膜干燥快。如过氯乙烯地面涂料、苯乙烯地面涂料。因此，对于住宅、实验室、车间、仓库等是一种较为适宜的地面涂料。

涂料地面的结构做法如下：

过氯乙烯涂料地面要求在平整、光滑、充分干燥的基层上，涂刷一道过氯乙烯地面涂料底漆，隔天再用过氯乙烯涂料罩面漆将基层的孔洞及凸凹不平处补充平整、清扫干净，然后满刮石膏泥子，干后用砂纸打磨平整、清扫干净，然后涂刷过氯乙烯地面涂料2～3遍，养护一星期，最后打蜡而成。苯乙烯地面涂料与过氯乙烯地面涂料的涂刷相同，因含苯类溶剂，施工中要注重通风，并采取一定的防护措施。

2. 涂布无缝地面

涂布无缝地面主要是由合成树脂加入填料、颜料等搅拌混合而成的材料，现场涂布施工，硬化后形成整体无缝地面(见图4-20)。其特点是无缝，易于清洁，具有良好的物理力学性能。

图4-20 涂布无缝地面

目前使用的涂布无缝地面，根据其凝胶材料可分为两类：第一类是单纯以合成树脂为凝胶材料的溶剂型合成树脂涂布地面，或称为涂布塑料地面，目前国内采用的主要有环氧树脂、不饱和聚酯、聚氨酯等品种；第二类是以水溶性树脂或乳液与水泥复合组成凝胶材料的聚合物水泥涂布地面。其黏结性、耐磨性和抗冲击性等要比纯水泥涂层更好，目前国内采用

的较多的有聚醋酸乙烯乳液水泥涂布地面、聚乙烯醇缩甲醛胶水泥涂布地面等。

1) 环氧树脂、不饱和聚酯、聚氨酯涂布地面的结构做法

(1) 基层处理。

涂布无缝地面要求基层平整、光洁、充分干燥。该类型的涂布地面对基层的平整度要求高，如果因为地面不平或坡度较大，会因流淌而导致厚度不均，涂层较薄会出现漏砂或漏底等现象，而涂层较厚的地方可能会因收缩过大而产生裂纹。

(2) 基层封闭。

根据面层涂布材料调配泥子，将基层中的孔洞以及凸凹不平处填嵌平整，然后在基层满刮泥子若干遍，干燥后用砂纸打磨平整，清扫干净。

(3) 面层加工与厚度控制。

面层根据涂饰材料及使用要求，涂刷若干遍面漆，层与层之间的间隔时间以前一层面漆干透为准，并进行相应处理。面层要求厚度均匀，不宜过厚或过薄，控制在1.5mm左右。

(4) 后期修饰处理。

根据需要，进行磨光、打蜡、涂刷罩光剂、养护等修饰处理。

2) 聚乙烯醇缩甲醛胶水泥涂布地面的结构做法

聚乙烯醇缩甲醛胶水泥涂布地面，是以树脂或其乳液和水泥共同作为凝胶材料的一种复合型涂布地面。它的特点是涂层与水泥基层结合牢固，能在尚未干透的地面基层上施工，可采用涂刮法涂布。其特点是造价低廉、施工方便、美观耐磨、适用范围广，适用于住宅、一般实验室等室内空间。聚乙烯醇缩甲醛胶水泥涂布地面的做法，大致可分为两类：第一类是以水溶性聚乙烯醇缩甲醛胶为基料，加入普通水泥和颜料组成一种厚质涂料，以刮涂的方式涂布于水泥地面，结硬后形成涂层，该涂层可进行进一步的艺术处理，例如涂刷色浆、描绘图案、刻划缝格；第二类是以水溶性聚乙烯醇缩甲醛胶、填充料和颜料所构成的厚质涂料(俗称777涂料)与水泥和颜料配制成胶泥，刮于水泥地面上，再按照装饰效果的要求，利用各种套模做出所需的图案，然后涂刷罩面涂料而成的一种涂布地面。这种地面的施工方法是先均匀涂刷结合层，然后以上述胶泥做泥子刮披地面三遍，第一二遍胶泥的作用是盖底和找平，第三遍胶泥的主要作用是装饰，应保证其细腻干净，厚度为1mm左右。之后可进行弹线分格，装饰图案或涂刷色浆。在图案做完后可用色泽相同的777涂料或耐磨漆罩面，然后打蜡上光交付使用。

4.3　块材楼地面构造层次与施工工艺

块材楼地面是指以陶瓷地砖、大理石、花岗岩、预制水磨石板等块材用粘贴或镶嵌的方式形成的地面装饰层。其特点是花色品种多样、强度高、刚性大、易清洁，且施工速度快，

湿作业量少，因此应用十分广泛。但此类地面有弹性、保温、消音较差的缺点，适用于人流量大、耐磨损、保持清洁要求高的空间。

4.3.1 陶瓷地砖地面

陶瓷地砖是以优质陶土为原料，加入其他配料，制压煅烧至1100℃左右成型的材料，可分为普通陶瓷地砖、全瓷地砖、玻化地砖三大类。它的特点是品种多、结构紧密、抗腐耐磨、吸水性小、容易施工、易于清洁保养、装饰效果良好(见图4-21)。

图4-21 不同规格的陶瓷地砖地面

陶瓷地砖地面的构造做法如下。

1. 陶瓷地砖地面的材料准备

(1) 地砖的选择应符合有关要求，对有裂缝、掉角、翘曲、色差明显、尺寸误差大等缺陷的块材应予剔除。

(2) 水泥宜采用强度等级32.5以上的普通硅酸盐水泥、矿渣硅酸盐水泥或白水泥。

(3) 找平层水泥砂浆用粗砂，嵌缝宜用中、细砂。

2. 陶瓷地砖地面的构造图(见图4-22)

3. 陶瓷地砖地面的施工工艺流程

基层处理→做灰饼、冲筋→做找平(坡)层→做防水层→板块浸水阴干→弹线→铺板块→压平拔缝→嵌缝→养护。

(1) 基层处理。表面砂浆、油垢和垃圾清除干净，用水冲洗、晾干。若混凝土楼面光滑，则应凿毛或拉毛。

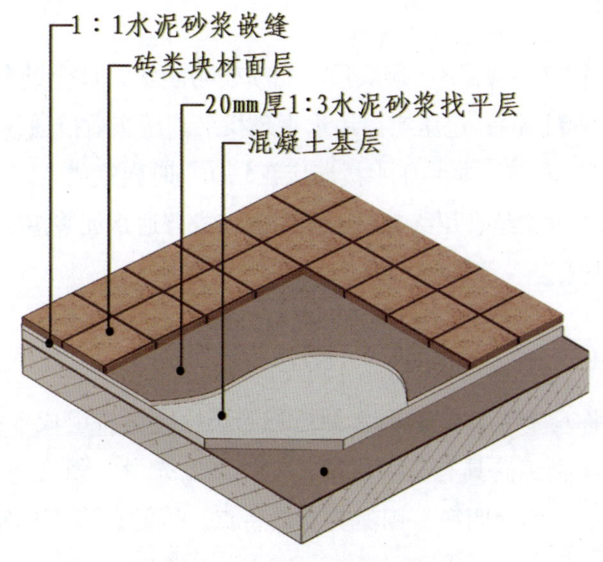

图4-22　陶瓷地砖地面的构造图

(2) 标筋。根据墙面水平基准线，弹出地面标高线。在房间四周做灰饼，灰饼表面标高与铺贴材料厚度之和应符合地面标高要求。依据灰饼标筋，在有地漏和排水孔的陶瓷地砖地面构造部位，用50～55mm厚1：2：4细石混凝土从门口处向地漏找泛水，应双向放坡0.5%～1%，但最低处不小于30mm厚。

(3) 铺结合层砂浆。铺砂浆前，基层应浇水湿润，刷一道水泥素浆，随刷随铺1：3(体积比)干硬性水泥砂浆。砂浆稠度必须控制在35mm以下。根据标筋标高，用木拍子拍实，短刮杠刮平，再用长刮杠通刮一遍。检验平整度误差不大于4mm。拉线测定标高和泛水，符合要求后用木抹子搓成毛面。踢脚线应抹好底层水泥砂浆。有防水要求时，找平层砂浆或水泥混凝土要掺防水剂，也可按设计要求加铺防水卷材，如用水乳胶型橡胶沥青防水涂料布(无纺布)作防水层，四周卷起150mm高，外黏粗砂，门口处铺出30mm宽。

(4) 板块浸水。

(5) 弹线。在已有一定强度的找平层上用墨斗线弹线。弹线应考虑板块间隙。找平、找方同石材板块施工。

(6) 铺板块。铺贴操作时，先用方尺找好规矩，拉好控制线，按线由门口向进深方向依次铺贴，再向两边铺贴。铺贴中用1：2水泥砂浆铺摊在板块背面，再粘贴到地面上，并用橡皮锤敲压实，使标高、板缝均符合要求。如有板缝误差可用开刀拔缝，对高的部分用橡皮锤敲平，低的部分应起出瓷砖用水泥砂浆垫高找平。瓷砖的铺贴形式，对于小房间(面积小于40m²)，通常是做T字形(直角定位法)标准高度面；对于大面积房间，通常在房间中心按十字形(有直角定位法和对角定位法)做出标准高度面，可便于多人同时施工。房间内外地砖品种不同，其交接线应在门扇下中间位置，且门口不应出现非整砖，非整砖应放在房间不起眼的位置。

(7) 压平拔缝。每铺完一段或8～10块后，用喷壶略洒水，15分钟左右用橡皮锤(木锤)按铺砖顺序捶铺一遍，不得遗漏，边压实边用水平尺找平。压实后拉通线先竖缝后横缝挑拔缝隙，使缝口平直、贯通。从铺砂浆到压平拔缝应在5～6小时内完成。

(8) 嵌缝养护。水泥砂浆结合层终凝后，用白水泥或普通水泥浆擦缝，擦实后铺撒锯末屑养护，4～5天后方可上人。

4.3.2 陶瓷锦砖地面

陶瓷锦砖地面俗称马赛克，它是由多种色彩的小块砖镶拼组成各种花色图案的陶瓷制品，故称“锦砖”。陶瓷锦砖具有坚固耐用、质地细密光滑、强度高、耐磨耐水、耐酸耐碱、抗冻防滑、易清洁、色泽明净、图案美观的特点。因此，在室内空间中应用广泛(见图4-23)。

陶瓷锦砖材料一般铺贴在整体性和刚性较好的细石混凝土或预制板的基层上，陶瓷锦砖出厂前已按照各种图案反贴在牛皮纸上，以便于施工。这类地面材料属于刚性块材，在构造和工艺上要注意平整度和线形规则，粘贴牢靠。为此，构造上要求有找平层、粘贴层和面层。

陶瓷锦砖地面的结构做法(见图4-24)：

图4-23 陶瓷锦砖墙面

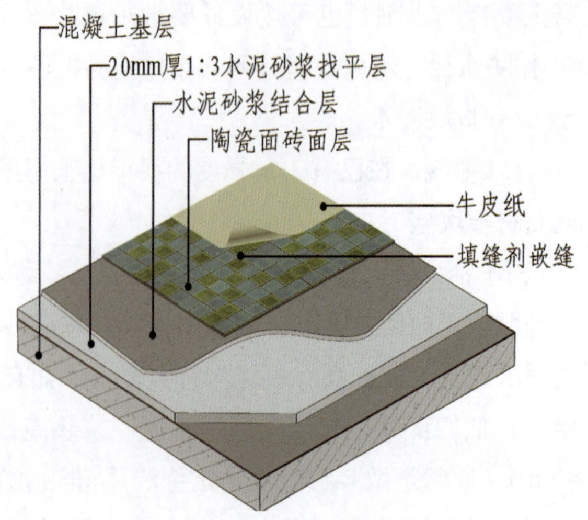

图4-24 陶瓷锦砖地面结构

找平层主要是解决结构层表面的平整度，是面层与结构层的过渡层，以1∶3～1∶4的水泥砂浆在结构层上做10～20mm厚的找平层。粘贴层的一种施工方式是在湿润的找平层上撒素水泥粉，提高找平层的黏接力；另一种方式是待找平层有一定硬度后，根据地砖的情况，常用1∶1水泥砂浆、素水泥浆、聚合物水泥材质作粘接层后，铺贴面层。陶瓷锦砖整张铺贴后，应随即用拍板靠在已贴好的陶瓷锦砖表面，用小锤敲击拍打，均匀地由边到中间满敲一遍，将陶瓷锦砖拍实拍平，使其粘贴牢固、表面平整，然后用水将牛皮纸润湿、揭除。最后用素水泥嵌缝、清洗干净。

4.3.3 石材类地面

石材地面是指采用天然大理石、花岗岩、预制水磨石板块、碎拼大理石板块以及新型人造石板块等装饰材料作饰面层的楼地面。天然大理石组织细密、坚实，色泽鲜明、光亮。用大理石铺装地面，庄重大方，高贵豪华。天然花岗岩质地坚硬、耐磨，不易风化变质，色泽自然庄重、典雅气派。两者相比，大理石材质的成分为碱性碳酸钙，易被腐蚀，抗风化性较差，一般不宜作为室外建筑环境装饰；而花岗岩密度大，具有极好的耐磨性、耐久性和化学稳定性，除用于室内外楼地面，还常用于台阶踏步、墙面柱面的装饰。石材地面常用于高级装饰工程如宾馆、饭店、酒楼、写字楼的大厅地面、楼厅走廊、踢脚线等部位，属于高级装饰材料(见图4-25、图4-26、图4-27)。

图4-25 石材地面(一)

图4-26　石材地面(二)

图4-27　石材地面(三)

石材类地面构造做法如下。

1．石材类地面材料准备

(1) 石材准备。材料应按要求的品种、规格、颜色到场。凡有翘曲、歪斜、厚薄偏差太大以及缺边、掉角、裂纹、隐伤和局部污染变色的石材应予剔除，完好的石材板块应套方检查，规格尺寸如有偏差，应磨边修正。用草绳等易褪色材料包装花岗岩石板时，拆包前应防止受潮和污染。材料进场后应堆放于施工现场附近，下方垫木，板块叠合之间应用软质材料垫塞。

(2) 黏结材料准备。水泥的强度等级不低于32.5。结合层用砂采用过筛的中、粗砂，灌缝选用中、细砂，砂的含泥量不超过3%。颜色选用矿物颜料，一次备足。同一楼地面工程应采用同一厂家、同一批次的产品，不得混用。

2．石材类地面构造示意图(见图4-28、图4-29、图4-30)

图4-28　石材类地面构造示意图

石材面层
撒素水泥面
30mm厚1：4硬性水泥砂浆结合层
刷水泥砂浆一道
60mm厚C15素混凝土
100mm厚3：7灰土垫层
素土夯实

图4-29　大理石、花岗岩地面构造

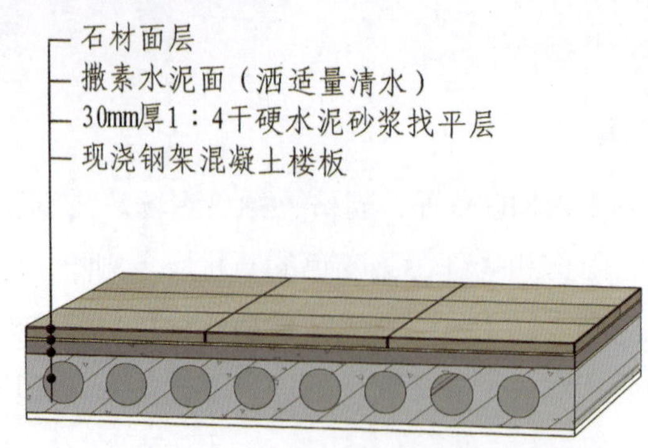

图4-30 大理石、花岗岩楼面构造

3．石材类地面工艺流程

基层清洗→弹线→试拼、试铺→板块浸水→扫浆→铺水泥砂浆结合层→铺板→灌缝、擦缝。

(1) 基层清理。板块地面在铺贴前应先挂线检查基层平整情况，偏差较大处应事先凿平和修补，如为光滑的混凝土楼地面，应凿毛。基层应清洁，不能有油污、落地灰，特别不要有白灰、砂浆灰，不能有渣土。清理干净后，在抹底子灰前应洒水润湿。

(2) 弹线。根据设计要求，确定平面标高位置，并弹在四周墙上，再在四周墙上取中，在地面上弹出十字中心线，按板块的尺寸加预留缝放样分块。大理石板地面缝宽1mm，花岗岩石板地面缝宽小于1mm，预制水磨石地面缝宽2mm。与走廊直接相通的门口应与走道地面拉通线，板块布置要以十字线对称，若室内地面与走廊地面颜色不同，其分界线应安排在门口或门窗中间。在十字线交点处对角安放两块标准块，并用水平尺和角尺校正。铺板时依标准和分块位置，每行依次挂线，此挂线起到面层标筋的作用。

(3) 试拼、试铺。在正式铺设前，对每一房间的大理石板块应按图案、颜色、纹理进行试拼。试拼后按两个方向编号排列，然后按编号码放整齐，以便对号入座，使铺设出来的楼地面色泽美观、一致。在房间内相互垂直的两个方向，铺两条宽度略大于板块板宽、厚不小于30mm的干砂带，根据试拼石板的编号及施工图，将石材板块排好，检查板块之间的缝隙，核对板块与墙、柱、洞口等部位的相对位置，根据试铺结果，在房间主要部位弹相互垂直的控制线，并引至墙上，用以检查和控制板块位置。

(4) 浸水润湿。大理石、花岗岩、预制水磨石板块在铺贴前应先浸水润湿，阴干后擦干净板背的浮水方可使用。铺板时，板块的底层以内潮外干为宜。

(5) 铺水泥砂浆结合层。铺水泥砂浆结合层是铺贴工艺中重要的一个环节，必须注意以下几点：

① 水泥砂浆结合层，宜采用干硬性水泥砂浆。干硬性水泥砂浆的配合比常用1：1～1：3(水泥：砂，体积比)，一般采用强度等级不低于32.5的水泥配置，铺设时稠度(以标准圆

锥体沉入度)以20～40mm为宜。现场如无测试，可用手捏成团，在手中颠后即散开为度。

② 为保证干硬性水泥砂浆与基层或找平层的黏结效果，在铺设前，应在基层或找平层上刷一道水灰比为0.4～0.5的水泥浆(可掺10%801胶)，以保证整个上下层之间黏结牢固。

③ 铺结合层时，摊铺砂浆长度应在1m以上，宽度应超出板块宽度20～30mm，铺浆厚度为10～15mm，虚铺砂浆厚度应比标高线高出3～5mm，砂浆由里向外铺抹，然后用木刮尺刮平、拍实。

(6) 铺板。铺贴时，要将板块四角同时平稳落下，对准纵横缝后，用橡皮锤(木锤)轻敲振实，并用水平尺找平，锤击板块时注意不要敲砸边角，也不要敲打已铺贴完毕的板块，以免造成空鼓。

铺贴顺序，一般从房间中部向四周退步铺贴。凡有柱子的大厅，宜先铺柱子与柱子中间部分，然后再向两边展开。

(7) 灌缝。铺板完成2天后，经检查板块无断裂及空鼓现象后，方可进行灌缝。根据板块颜色，用浆壶将调好的稀水泥素浆或1：1稀水泥砂浆(水泥：细砂)灌入缝内2/3高，并及时清理板块表面溢出的浆液，再用与板面颜色相同的水泥浆将缝灌满、擦缝。待缝内水泥色浆凝结后，应将面板清洗干净，在拭净的石材楼地面覆盖锯末保护，24小时后洒水养护，3天内禁止上人走动或在面层上进行其他作业。

(8) 踢脚板镶贴。预制水磨石、大理石和花岗岩石踢脚板一般高度为100～200mm。厚度为25～20mm，可采用粘贴法和灌浆法施工。踢脚板施工前应认真清理墙面，提前一天浇水湿润。阳角处踢脚板的一端，用无齿锯切成45°。踢脚板应用水刷净，阴干备用。镶贴时由阳角开始向两侧试贴，检查是否平直，缝隙是否严密，有无缺边、掉角等缺陷，合格后方可实贴。不论采取什么方式安装，均先在墙面两端各镶贴一块踢脚板，其上沿高度在同一水平线上，出墙厚度要一致，然后沿两块踢脚板上沿拉通线，逐块依顺序安装。

① 粘贴法。根据墙面标筋和标准水平线，用1：2～1：2.5水泥砂浆抹底并刮平划毛，待底层砂浆干硬后，将已湿润阴干的踢脚板抹上2～3mm素水泥浆进行粘贴，同时用橡皮锤敲击平整，并注意随时用水平尺、靠尺板找平、找直。次日，用与地面同色的水泥浆擦缝。

② 灌浆法。将踢脚板临时固定在安装位置，用石膏糊将相邻的两块踢脚板黏牢，然后用稠度10～15cm的1：2的水泥砂浆(体积比)灌缝，并随时把溢出的砂浆擦干净。待灌入的水泥砂浆凝固后，把石膏铲掉擦净，用与板面同色水泥浆擦缝。

(9) 上蜡。板块铺贴完工后，待其结合层砂浆强度达到60%～70%即可打蜡抛光。其具体操作方法与现浇水磨石地面基本相同。

4.3.4 碎拼石材类地面

碎拼石材地面是采用经过挑选过的不规则碎块石材，自由地、无规则地拼接起来，其效果是石材结合自然、特点鲜明、装饰性强。碎拼石材地面将不规则碎块石材铺贴在水泥砂浆结合层上，并在面层石材的缝隙中，铺抹水泥砂浆或石渣浆，经磨平、磨光、上蜡后成为地面面层(见图4-31)。

1．碎拼石材类地面构造做法(见图4−32)

图4-31 碎拼石地面

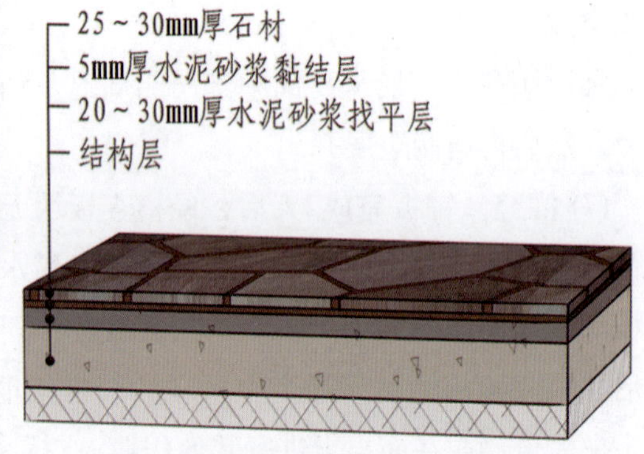

图4-32 碎拼石地面拼砌方式与构造

2．施工工艺流程及要点

基层清理→抹找平层→铺贴→石渣浆→磨光→上蜡。

操作要点：

(1) 基层清理，洒水湿润基层。

(2) 抹找平层。碎拼石材地面应在基层上抹30mm厚1：3水泥砂浆找平层，用木抹子搓平。

(3) 铺贴。在找平层上刷素水泥浆一遍，用1：2水泥砂浆镶贴碎大理石标筋(或贴灰饼)，间距1.5m，然后铺碎大理石块，并用橡皮锤轻轻敲击，使其平整、牢固。随时用靠尺检查表面平整度。注意石块与石块间留足间隙，挤出的砂浆应从间隙中剔除，缝底成方形。

(4) 灌缝。将缝中积水、杂物清除干净，刷一遍素水泥浆，然后嵌入彩色水泥石渣浆，嵌抹应凸出大理石表面2mm，再在它上面撒一层石渣，用木抹子拍平压实，次日养护，也可用同色水泥砂浆嵌抹间隙做成平缝。

(5) 磨光。面层分四遍磨光。第一遍用80～100号金刚石，第二遍用100～160号金刚石，第三遍用240～280号金刚石，第四遍用750号或更细的金刚石进行打磨。

(6) 上蜡。

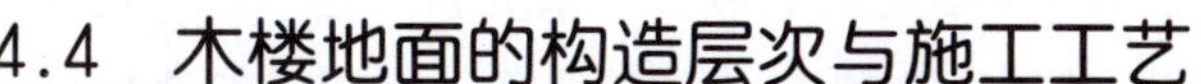

4.4　木楼地面的构造层次与施工工艺

木楼地面一般是指楼地表面由木板铺钉或硬质木块胶合而成的地面。木地板是一种传统的地面材料，其特点是弹性好、纹理自然、感觉舒适，是一种高级的地面装饰材料。

木地板的施工方法可分为实铺式、空铺式和浮铺式(也称悬浮式)。实铺式是指木地板通过木搁栅与基层相连或用胶黏剂直接粘贴于基层，实铺式一般用于两层以上的干燥楼面；空铺式是指木地板通过地垄墙或砖蹲等架空后再安装，一般用于平房、底层房屋或较潮湿地面以及地面敷设管道需要将木地板架空等情况；浮铺式是新型木地板的铺设方式，由于产品本身具有较精密的槽样企口边及配套的黏结剂、卡子和缓冲地垫等，铺设时仅在地板企口咬接处施以胶黏剂或采用配件卡接即可连接牢固，整体地铺覆于建筑地面基层(见图4-33)。

木地板分类较多，当前正在广泛流行的木地板，主要是实木地板、实木复合地板及木质纤维(或粒料)中密度(强化)复合地板。

图4-33　木地板

4.4.1　实铺式木地面

实铺式木地面，是指在楼面的混凝土层上以实铺木搁栅架空面层的构造方式。这是木楼地面中比较正规的做法，也是目前应用最多的做法。

实铺式木地面可分为双层铺设和单层铺设。双层铺设是指木地板铺设时在长条形或块形面层木板下采用毛地板的构造做法，毛地板铺钉于木搁栅(木龙骨)上，面层木地板铺钉于毛地板上；单层铺设普通实木地板面层的单层铺设做法，是指采用长条木板直接铺钉于地面木搁栅上，而不设毛地板。

实铺式木地面的主材料有硬木面板、毛板、木搁栅等。面板需具备耐磨、耐冲击、装

饰室内空间环境的要求特点，因此，选择面板、踢脚板时应选木材纹理美观、平直无断裂、翘曲、尺寸准确、板正面无明显疤痕孔洞、板条之间质地色差不宜过大、企口完好的。常用的木材有水曲柳、柞木、柚木、榆木、南洋榉木等。毛板一般选取较软的松木、杉木。其作用是加强地板面层的承载力以及弹性。木搁栅是木地板的支撑骨架，起着固定和架空层的作用，其断面尺寸一般为50mm×50mm或50mm×70mm，木搁栅的材质一般是松木和杉木。

1．实铺式木地面的构造做法(见图4-34、图4-35)

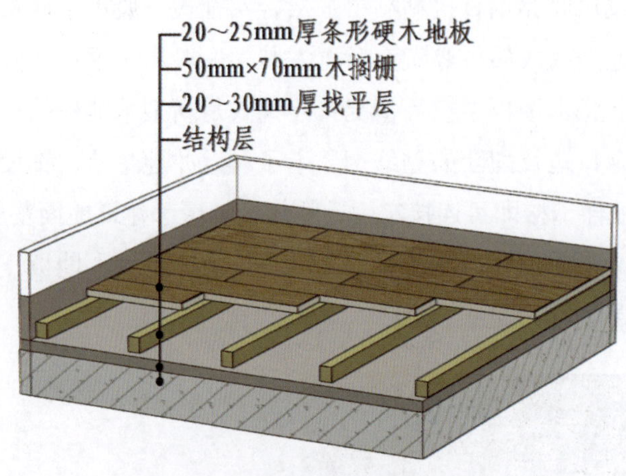

图4-34　实铺式单层木地板构造

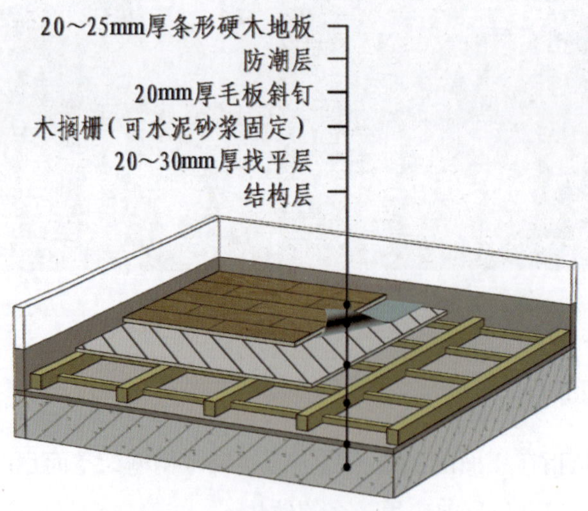

图4-35　实铺式双层木地板构造

2．实铺式木地面的施工工艺流程

栅格式：基层处理→安装木搁栅、撑木→钉毛地板(找平、刨平)→弹线、铺设面层→钉木地板→刨平、磨光→刷漆。

(1) 基层处理。实铺式木地面的底层可先进行素土夯实，在它上面打100mm厚3：7灰土，即40mm厚C10细石混凝土，随打随抹。然后铺设防潮层或水乳化沥青一布二涂(一层尼龙布，上下涂刷乳化沥青)防潮层，在防潮层上打50mm厚C15混凝土垫层，随打随抹，并在混凝土内预埋铁丝、钢筋或专用铁件。

(2) 木搁栅。木搁栅的作用主要是固定和承托面层，其中距一般为400mm。木搁栅与在楼板或混凝土垫层内预埋铁件(地脚螺栓、U形铁、钢筋段等)或防腐木砖进行连接，也可现场钻孔打入木楔后进行连接。在搁栅之间还要加设50mm×50mm断面横撑，中距1200～1500mm。木搁栅间如需填干炉渣时，应加以夯实拍平。为防腐耐久，木搁栅和垫块在使用前应做防腐处理，可采用浸渍防腐剂或在表面涂刷防腐剂。

(3) 毛地板的铺钉。双层木板面层的毛地板，表面应刨平，其宽度不宜大于120mm。在铺设前，应清除已安装的木搁栅内的刨花等杂物；铺设时，毛地板应与木搁栅成30°或45°角并应使其髓心朝上，用钉斜向钉牢，其板间缝隙不应大于3mm。毛地板与墙之间，应留有10～15mm缝隙，接头应错开。每块毛地板应在每根木搁栅上各钉2枚钉子固定，钉子的长度应为毛地板厚度尺寸的2.5倍。

(4) 弹线、铺设面层。毛地板铺钉后，可铺设一层沥青纸或油毡，以利于隔声和防潮。对于不设毛地板的单层条形木板，铺设应与木搁栅垂直，并要使板缝顺进门方向。地板块铺钉时通常从房间较长的一面墙边开始，第一行板槽口对墙，从左至右，两板端口企口插接，直到第一排最后一块板，截去长出的部分。接缝必须在搁栅中间，且应间隔错开。板与板间应紧密，仅允许个别地方有空隙，其缝宽不得大于1mm(如有硬木长条板，缝宽不得大于0.5mm)。板面层与墙之间应留10～15mm的缝隙，该缝隙用木踢脚板封盖。铺钉一段要拉通线检查，确保地板始终通直。

(5) 钉木地板。铺钉时，先拼缝铺钉标准条，铺出几个方块或几档作为标准，再向四周按顺序拼缝铺钉。中间钉好后，最后按设计要求做镶边处理。拼花木板面层的板块间缝隙，不应大于0.3mm。铺设面板有两种方法，即钉结法和黏结法。单层地板的面层只能采用钉结法。

① 钉结法。从板边企口凸榫侧边的凹角处斜向钉入，铺钉时，钉于表面成45°或60°斜角，钉长为板厚的2～3倍。单层钉结法是将面板直接钉在基层搁栅之上，多采用错口缝钉结，其他拼缝形式较少采用；双层钉结法将面板钉在基层毛地板上。

对于长条面板或拼花木板的铺钉，其板块长度不大于300mm时，侧面应钉2枚钉子；长度大于300mm时，每300mm应增加1枚钉子，板块的顶端部位均应钉1枚钉子。当硬木地板不易直接施钉时，可事先用手电钻在板块施钉位置斜向预钻钉孔(预钻孔的孔径略小于钉杆直径)，以防钉裂地板。

② 黏结法。黏结就是将面板直接贴在基层毛地板上。黏结铺贴拼花木地板前，应根据设

计图案和板块尺寸试拼试铺，调整至符合要求后进行编号，铺贴时按编号从房间中央向四周渐次展开。所采用的黏结材料，可以是沥青胶结料，也可以是各种胶黏剂，如聚氨酯、聚醋酸乙烯乳胶等。

(6) 刨平、磨光。原木地板面层的表面应刨光、磨平。使用电刨刨削地板时，滚刨方向应与木纹成45° 角斜刨，推刨不宜太快，也不能太慢或停滞，防止啃咬板面。边角部位采用手工刨，须顺木纹方向，避免或撕裂木纹，刨削应分层次多次刨平，注意刨去的厚度不应大于1.5mm。刨平后应用地板磨光机打磨两遍，磨光时也应顺木纹方向打磨，第一遍用粗砂，第二遍用细砂。

目前，木地板生产厂家已经对木地板进行了表面处理。施工时只需将木地板安装好即可投入使用，而不再进行刨平磨光和油漆等工作。

(7) 刷漆。刨光打磨后，表面刷漆并打蜡。

4.4.2 粘贴式木地面

粘贴式木地面就是用胶直接黏在地面上，要求地面特别干净、平整、干燥。黏结铺贴拼花木地板前，应根据设计图案和板块尺寸试拼试铺，调整至符合要求后进行编号，铺贴时按编号从房间中央向四周渐次展开。所采用的黏结材料，可以是沥青胶结料，也可以是各种胶黏剂。

1．粘贴式木地面的构造示意图(见图4-36)

图4-36　粘贴式木地面

2．粘贴式木地面的施工工艺流程

基层处理→弹线定位→涂胶→粘贴地板→养护。

(1) 基层处理。水泥类基层的表面应平整、坚硬、干燥、无油脂及其他杂质，含水率不应大于9%。当基层表面有麻面起砂、裂缝现象时，应涂刷(批刮)乳胶泥子进行处理，每遍涂刷泥子的厚度不应大于0.8mm，干燥后用0号铁砂布打磨，再涂刷第二遍泥子，直至表面平整后，再用水稀释的乳胶涂刷一遍。基层表面的平整度，采用2m直尺检查的允许偏差为2mm。

为使粘贴质量确有保证，基层表面可事先涂刷一层薄而均匀的底子胶。底子胶可按同类胶加入其质量为10%的汽油(65号)和10%醋酸乙酯(或乙酸乙酯)并搅拌均匀进行配制。

(2) 弹线定位。铺设地板前，在室内四周墙面应画出标高控制位置。

(3) 涂胶粘贴地板。采用沥青胶结料粘贴铺设木地板的建筑楼地面水泥类基层，其表面应平整、洁净、干燥。先涂刷一遍冷底子油，然后随涂刷沥青胶结料随铺贴木地板，沥青胶在基层上的涂刷厚度宜为2mm，同时在地板块背面亦应涂刷一层薄而均匀的沥青胶结料。

采用胶黏剂铺贴的木地板，其板块厚度不应小于10mm。粘贴木地板的胶黏剂，选用时要根据基层情况、地板块的材料、楼地面面层的使用要求确定。当采用乳胶型胶黏剂时应在基层表面和地板块背面分别涂刷胶黏剂；当采用溶剂型胶黏剂时，可只在基础表面上均匀涂胶。基层表面及板块背面的涂胶厚度均应≤1mm；涂胶后应静停10～15分钟，待胶层不黏手时再进行铺贴，并应到位准确，粘贴密实。

(4) 养护。

4.4.3　架空式木地面

架空式木地面主要是用于由于使用的要求面层距基地距离较大，或用于地面标高与设计标高相差较大，或是舞台、比赛场合等对标高落差有特殊要求的空间。架空式木地面包括垄墙、垫木、搁栅、剪刀撑及毛地面等几个部分。

1．架空式木地面构造示意图(见图4-37、图4-38)

图4-37　架空式木地板构造

图4-38　架空式木地板铺设

2．架空式木地面的施工流程

基层处理→砌地垄墙→干铺油毡→铺垫木、找平→弹线、安装木搁栅→钉剪刀撑→钉硬

木地板→钉踢脚板。

(1) 基层处理。为了防止土中潮气上升，应在地基面层上夯填100mm厚的灰土，灰土的上皮应高于室外地面。

(2) 砌地垄墙。地面找平后，采用M2.5水泥砂浆砌筑地垄墙或砖墩，地垄墙的间距不宜大于2m。其顶面应采取涂刷沥青胶两道或铺设油毡等防潮措施。对于大面积木地板铺装工程的通风构造，应按设计要求，每条地垄墙、暖气沟墙，应按设计要求预留尺寸为120mm × 120mm到180mm × 180mm的通风洞口(一般要求洞口不少于2个且要在一条直线上)，并在建筑外墙上每隔3～5m设置不小于180mm × 180mm的洞口及其通风窗设施，洞口下坡距室外地坪标高不小于200mm，孔洞应安设栅子。为检修木地板，地垄墙上应预留750mm × 750mm的过人洞口。

(3) 铺垫木、找平、干铺油毡。垫木的厚度一般为50mm，先将垫木等材料按设计要求做防腐处理。操作前检查地垄墙、墩内预埋木方、地脚螺栓等位置。依据+500mm水平线在四周墙上弹出地面设计标高线。垫木与地垄墙的连接通常采用8号铅丝绑扎的方法对垫木进行固定。垫木与砌体接触面干铺一层油毡。

(4) 弹线、安装木搁栅。木搁栅的作用是固定和承托面层。木搁栅的断面尺寸应根据地垄墙的间距来确定，木搁栅的表面应平直，安装时要随时注意从纵横两个方向找平。用2m长的直尺检查时，尺与木搁栅间的空隙不应超过3mm。木搁栅的位置是与地垄墙成垂直方向安放的，其间距应根据房间的具体尺寸、设计上的具体要求来确定，一般取400mm。木搁栅离墙应留出不小于30mm的缝隙，以利隔潮通风。木搁栅的上皮不平时，应用合适厚度的垫木(不准用木楔)找平，或刨平，也可以对底部稍加砍削找平，但砍削深度不应超过10mm，砍削处应另做防腐处理。木搁栅安装后，必须用长100mm圆钉从木搁栅两侧向中部斜向成45° 角与垫木(或压檐木)钉牢。木搁栅在使用前均应做防腐处理。

(5) 钉剪刀撑。木搁栅的搭设架空跨度过大时需按设计要求增设剪刀撑，为了防止木搁栅与剪刀撑在钉结时移动，应在木搁栅上面临时钉些木拉条，使木搁栅互相拉结。将剪刀撑两端用两根长70mm圆钉与木搁栅钉牢。若不采用剪刀撑而采用普通的横撑时，也按此法装钉。

(6) 钉硬木地板。架空式木地板可做成单层或双层。

① 单层架空木地板的构造是：在预先固定好的梯形截面小搁栅上钉20mm厚硬木企口板，板宽为70mm。

② 双层架空木地板的构造是：双层木地面的地层为没有抛光的毛板，常用松木或杉木制作。板厚18～22mm，拼接时可用平缝或高低缝，缝隙不超过3mm。面板与毛板的铺设方向应相互错开45° 或90° 安装。面板经常选用水曲柳、柞木、核桃木等优良质地、不易腐朽开裂的硬木材制作，可以有多种拼花形式。

(7) 钉踢脚板。踢脚板提前刨光，内侧开凹槽，每隔1m钻6mm通风孔，墙身每隔750mm设防腐结木砖，木砖上钉防腐木块，用于固定踢脚板。

4.4.4　复合木地板地面

复合木地板按其材质做法可分为两类，一类是以高、中密度纤维板为基材或以刨花板为基材，覆以高耐磨面层和防潮底层的强化木地板；另一类是实木复合地板，包括三层实木复合地板、多层实木复合地板、细木工板复合地板等。复合木地板具有规格统一、施工安装方便的优势，且具有弹性好、富于脚感、美观自然等优点，同时具有良好的阻燃性和防腐、防蛀、耐压、耐擦洗的性能，因此，已经广泛应用于室内地面装饰，此外，它也是具有发展前景的地面装饰材料(见图4-39)。

图4-39　复合木地板

1．复合木地板的结构构造示意图(见图4—40、图4—41)

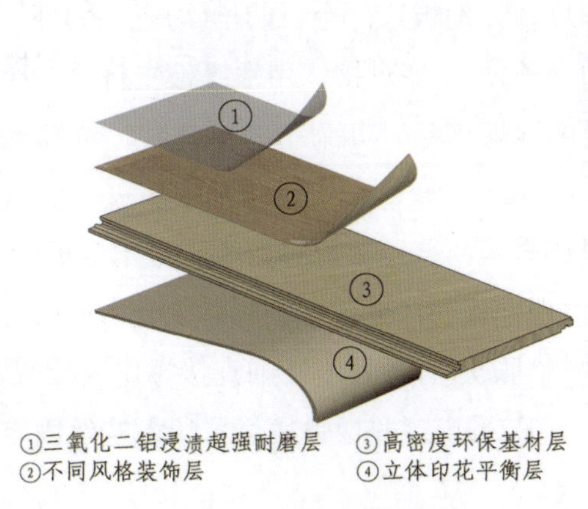

图4-40　复合木地板构造

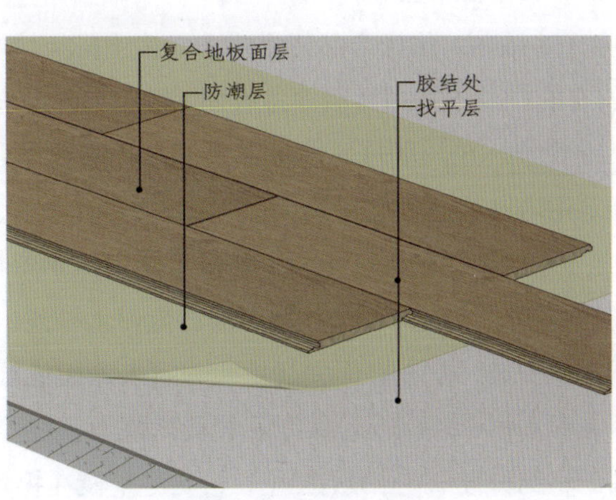

图4-41　复合木地板铺设

2. 复合木地板施工工艺流程

基层清理→弹线、找平→安装木搁栅、钉毛地板→铺垫层→试铺预排→铺地板→安装踢脚板→清洁表面。

(1) 基层处理。由于采用浮铺式施工，复合地板基层整度要求很高，平整度要求3m内偏差不得大于2mm。基层必须保持洁净、干燥，可刷一层掺防水剂的水泥浆进行防潮。

(2) 弹线、找平。依据+50cm水平线在四周墙上弹出地面设计标高线。

(3) 铺垫层。直接在建筑地面或是在已铺设好的毛地板表面浮铺与地板配套的防潮底垫、缓冲底垫，垫层为聚乙烯泡沫塑料薄膜，宽1000mm的卷材，铺时按房间长度净尺寸加长120mm以上裁切，横向搭接150mm。底垫在四周边缘墙面与地相接的阴角处上折60～100mm(或按具体产品要求)，较厚的发泡底垫相互之间的铺设连接边不采用搭接，应采用自黏型胶带进行黏结，垫层可增加隔潮作用，增加地板的弹性、稳定性和减少行走时产生的噪声。

(4) 预排复合木地板。地板块铺设时通常从房间较长的一面墙边开始，也可长缝顺入射光线方向沿墙铺放。板面层铺贴应与垫层垂直。应先进行测量和尺寸计算，确定地板的布置块数，尽可能不出现过窄的地板条，同时，长条地板块的端头接缝，在行与行之间要相互错开。第一行板槽口对墙，从左至右，两板端头企口插接，直到第一排最后一块板，切下的部分若大于300mm可以作为第二排的第一块板铺放，第一排最后一块的长度不应小于500mm，否则可将第一排第一块板切去一部分，以保证最后的长度要求。若遇建筑墙边不直，可用画线器将墙壁轮廓画在第一行地板上，依线锯裁后铺装。地板与墙(柱)面相接处不可紧靠，要留出8～15mm宽度的缝隙(最后用踢脚板封盖此缝隙)，地板铺装时此缝隙用木楔(或随地地板产品配备的“空隙块”)临时调直塞紧，暂不涂胶，拼铺三排进行修整、检查平直度，符合要求后，按排拆下放好。

(5) 铺贴。依据产品使用要求，按预排板块顺序，在地板边部企口的槽(沟)榫(舌)部位涂胶(有的产品不采用涂胶而备有固定相邻地板块的卡子)，顺序对接，用木锤敲击挤紧，精确平铺到位。在门洞口，地板铺至洞口外墙皮与走廊地板平接。如为不同材料时，留5mm缝隙，用卡口盖缝条盖缝。

(6) 安装踢脚板。复合木地板可选用仿木塑料踢脚板、普通木踢脚板和复合木地板(市场配套销售)。安装时，先按踢脚板高度弹水平线，清理地板与墙缝隙中杂物。复合木地板配套踢脚板安装，是在墙面弹线钻孔并钉入木楔或塑料膨胀头(有预埋木砖则直接标出其位置)，再在踢脚板卡块(条)上钻孔(孔径比木螺丝直径小1～1.2mm)，并按弹线位置用木螺丝固定，最后将踢脚板卡在卡块(条)上，接头尽量设在拐角处。

(7) 清扫、擦洗。每铺完一间待胶干后扫净杂物，用湿布擦净。

4.5　软质制品地面的装饰特点及构造形式

软质制品地面是指以质地较软的地面覆盖材料所形成的楼地面。以制品形状分类，可分为块材和卷材。常见的软质制品地面有塑料地板、橡胶地毡以及地毯等。

4.5.1　塑料地板楼地面

塑料地板楼地面是指聚氯乙烯或其他树脂塑料地板为饰面材料铺贴的地面。塑料地板具有美观、耐磨、脚感舒适、易于清洗等优点。此外，塑料地板易于铺贴，相对造价较低，因此广泛用于住宅、旅店客房、办公场所、机房等室内空间。

1．塑料地板的构造示意图(见图4-42、图4-43)

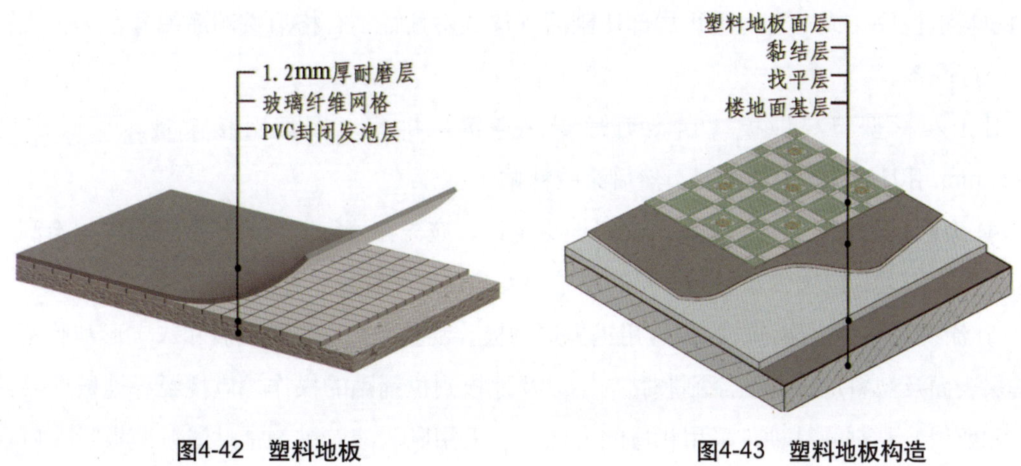

图4-42　塑料地板　　图4-43　塑料地板构造

2．施工工艺流程

1) 硬质、半硬质塑料地板施工工艺流程

基层处理→弹线分格→试铺→刮胶铺贴地板→铺贴踢脚板→清理养护。

2) 软质塑料地板施工工艺流程

基层处理→弹线→试铺→刮胶铺贴→接缝焊接→铺贴踢脚板。

(1) 基层处理。水泥类楼地面基层的表面应平整、坚硬、干燥，无油脂及其他杂质。基层如有麻面起砂及裂缝等缺陷，可用石膏乳液泥子嵌补找平一到两遍，处理时每遍批刮的厚度不应大于0.8mm；每遍泥子干燥后，要用0号铁砂布打磨，然后再批刮第二遍泥子，直至表面平整后再用水稀释的乳胶液刷一遍，最后再刷一道水泥胶浆。基层处理泥子的选择，可采用与具体地材产品配套的基层处理材料，与塑料地材及其黏结剂性质相容的商品泥子，或是现

场自配的石膏乳液泥子和滑石粉乳液泥子。

(2) 弹线分格。塑料板块或切割后做方格拼花铺贴的地面，在基层处理后应按设计要求进行弹线、分格和定位。以房间中心为中心，弹出相互垂直的两条定位线。定位线有十字形、对角线形和T形，然后按板块尺寸，每隔2～3块弹一道分格线，以控制贴块位置和接缝顺直，并在地面周边距墙面200～300mm处作为镶边。其他形式的拼花与图案，也应弹线或画线定位，确定其分色拼接和造型变化的准确位置。对相邻房间的颜色不同的地板，其分格线应在门扇中，分色线在门框的踩口线外，使门口的地板对称。

(3) 试铺。塑料地板试铺前，对于软质塑料地板块，应做预热处理。宜放入75℃的热水中浸泡10～20分钟，待板面全部松软伸平后，取出晾干备用，称为软板预热，注意不得用炉火或电热炉预热，对于半硬质块状聚氯乙烯地板，应先用棉丝蘸丙酮与汽油混合溶液(丙酮：汽油=1：8)进行脱脂除蜡处理，称为硬板脱脂。再按设计图案要求及地面画线尺寸选择相应颜色的塑料地板块，或对卷材进行局部切割后到位试拼预铺，合格后按顺序编号，为正式铺装施工做好准备。

对于卷材型塑料地板，在裁剪时要注意留足拼花、图案对接余量，同时应搭接20～50mm,用刀从搭接中部割开，然后涂胶粘贴。

(4) 涂刷底胶。对于粘贴施工的塑料地板铺设，应先在清扫干净的基层表面均匀涂刮一层薄而均匀的板胶，以增强基层与面层的黏结强度，待其干燥后，即可铺贴操作。

(5) 涂刷胶黏层。涂刮胶黏层宜用锯齿形刮板，刮胶方式有直接刮胶和八字形刮胶两种。在基层表面及塑料地板背面涂刷胶黏剂，以及地板到位铺贴的操作，应按塑料地板产品使用要求和所用胶黏剂的品种，采用相应的方法。当采用乳胶液胶黏剂铺贴塑料地板时，应在塑料板背面和基层上都均匀涂刷胶黏剂，由于基层材料吸水性强，所以涂刮时，一般应先涂刮塑料板块的背面，后涂刮基层表面，涂刮越薄越好，无须晾干，随铺随刮；当采用溶剂型胶黏剂时，只在基层上均匀涂一道胶，待胶层干燥至不黏手时(一般在室温10～35℃时，静停5～15分钟)，即可进行铺贴。

胶黏剂涂贴的板背面积应大于80%；在基层上涂胶时，涂胶部位尺寸应超出分格线10mm，涂胶厚度应≤1mm，一次涂刷面积不宜过大。

(6) 铺贴。半硬质塑料地板铺贴从十字中心或对角线中心开始，逐排进行，T形可从一端向另一端铺贴。铺贴时，双手斜拉塑料板从十字交点开始对齐，再将左端与分格线或已贴好的板边比齐，顺势把整块板慢慢贴在地上，用手掌压按，随后用橡皮锤(或滚筒)从板中向四周锤击(或滚压)，赶出气泡，确保严实。按弹线位置沿轴线由中央向四周铺贴，排缝可控制在0.3～0.5mm，每粘一块随即用棉纱(可蘸少量松节油或汽油)将挤出的余胶擦净。板块如遇

不顺直或不平整，应揭起重铺，软质塑料地板的粘贴铺装与半硬质塑料地板的粘贴做法基本相同。铺贴时，按预先弹好的线，四人各提卷材一边，先放好一端，再顺线逐段铺贴。若离线偏位，立即掀起调整正位放平。放平后用手滚筒从中间向两边赶平，并排尽气泡。如有气泡赶压不出，可用针头插入气泡，用针管抽空，再压实黏牢。卷材边缝搭接不少于20mm，沿定位线用钢板直尺压线并用裁刀裁割。一次割透两层搭接部分，撕上下层边条，并将接缝处掀起部分铺平压实、黏牢。当板块或卷材缝隙需要焊接时，宜在铺贴48小时之后再行施焊，亦可采用先焊后铺贴的做法，焊条用等边三角形或圆形焊条，其成分和性能应与被焊塑料地板相同。接缝焊接时，两相邻边要切成V形槽，以增加焊接牢固性，焊缝冷却至常温，将突出面层的焊包用刨刀切削平整，切勿损伤两边的塑料板面。铺贴操作中应注意三个问题：一是塑料板要贴牢，不得脱胶空鼓；二是缝格要顺直，避免错缝；三是表面要平整、干净，不得有凹凸不平和污染、破损。

(7) 铺踢脚板。踢脚板的铺贴要求同地板。在踢脚线上口挂线粘贴，做到上口平直；铺贴顺序先阴、阳角，后大面，做到粘贴牢固；踢脚板对缝与地板缝做到协调一致。若踢脚板时卷材，应先将塑料条钉在墙内预留木砖上，然后用焊枪喷烧塑料条。

(8) 清理养护。铺贴完毕用清洁剂全面擦拭干净，至少3天内不得上人行走，并应避免一些溶剂洒落在地面上，以防止起化学反应。

4.5.2　橡胶地毡楼地面

橡胶地毡是以天然橡胶或合成橡胶为主要原料，加入适量的填充料加工而成的地面覆盖材料。橡胶地毡地面具有良好的弹性、耐磨、保温、消声性能，其表面光而不滑，适用于展览馆、幼儿园、疗养院、医院等公共建筑。橡胶地毡的表面可做成光滑或带肋，厚度为4～6mm。其可制成双层或单层，色彩和花纹较为丰富。

橡胶地毡地面的构造做法：

橡胶地毡地面施工时首先进行基层处理。要求水泥砂浆找平层平整、光洁，无灰尘、沙粒、突出物等，含水量应在10%以下。施工设计时应根据设计图案预排和选料，然后进行画线定位，大房间从中间往四周铺开，小房间则从房间内侧向房间外侧铺贴。施工准备完成后即进行涂布黏结剂，涂布要求厚度均匀。涂布黏结剂后停放3～5分钟，使胶淌平，当部分溶剂挥发后再进行粘贴，粘贴后碾压平整，排除气泡(见图4-44)。

图4-44 橡胶地毡

图4-45 地毯地面

4.5.3 地毯楼地面

地毯具有吸音、保温、隔热、防滑、弹性好、脚感舒适和施工方便等特点，又给人以华丽、高雅、温暖的感觉，因此备受欢迎。各色地毯在高级装饰中被大量采用(见图4-45)。

地毯的铺设一般有固定式和活动式两种方法。固定式又可分为两类：一类是在地毯四周用倒刺板固定地毯；另一类是用胶黏剂直接将地毯黏结在地面上。

1．固定式地毯地面施工工艺流程

基层处理→弹线定位→裁割地毯→固定踢脚板→固定倒刺钉板条→铺设垫层→拼接固定地毯→收口、清理。

(1) 基层处理。地毯面层采用方块，卷材地毯在水泥类面层(或基层)上铺设，要求水泥类面层(或基层)表面应坚硬、平整、光洁、干燥，基层表面水平偏差应小于4mm，含水率不大于8%，且无空鼓或宽度大于1mm的裂缝；如有油污、蜡质等，需用丙酮或松节油擦净，并应用砂轮机打磨清除钉头和其他突出物。

(2) 弹线定位。应严格按图纸要求对不同部位进行弹线、分格。若图纸无明确要求，应对称找中轴线，以便定位铺设。

(3) 裁割地毯。精确测量房间地面尺寸、铺设地毯的细部尺寸，确定铺设方向。化纤地毯的裁割备料长度应比实需尺寸长出20～50mm，宽度以裁去地毯边缘后的尺寸计算。剪裁时，按计算尺寸在地毯背面弹线后，用手推剪刀进行裁割，然后卷成卷并编号运入相应房间。如系圈绒地毯，裁割时应从环卷毛绒的中间剪断；如系平绒地毯，应注意切口处要保持其绒毛的整齐。

(4) 固定踢脚板。铺设地毯房间的踢脚板多采用木踢脚板，或采用带有装饰层的成品踢脚板，可按设计要求的方式固定踢脚板。踢脚板离开楼地面8mm左右，以便于地毯在此处掩边封口(采用其他材质的踢脚板时亦按此位置安装)。

(5) 固定倒刺钉板条。采用成卷地毯并设垫层的地毯铺设工程，以倒刺板固定地毯的做法居多。倒刺板(卡条)沿踢脚板边缘用水泥钢钉(或采用塑料胀管与螺钉)钉固于楼地面，间距400mm左右，并离开踢脚板8～10mm，以方便敲钉。

(6) 铺设垫层。对于加设垫层的地毯，垫层应按倒刺板间净距下料，避免铺设后垫层长或不能完全覆盖。裁割完毕对位虚铺于底垫上，注意垫层拼缝应与地毯拼缝错开150mm。

(7) 铺设地毯。

① 地毯拼缝。拼缝前要判断好地毯编织方向并用箭头在背面标明经线方向，以避免两边地毯绒毛排列方向不一致。纯毛地毯多用于缝接：先用直针在地毯背面隔一定距离缝几针做临时固定，然后再用大针满缝。背面缝合拼接后，于接缝处涂刷50～60mm宽的一道胶黏剂，粘贴玻璃纤维网带或牛皮纸。将地毯再次平放铺好，用弯针在接缝处做正面绒毛的缝合，以使之不显拼缝痕迹为标准。麻布衬底化纤地毯多用黏结：即在麻布衬底上刮胶，再将地毯对缝黏平。

胶带接缝法以简便、快速、高效的优点而得到了广泛的应用。具体操作是在地毯接缝位置弹线，依据弹线将宽150mm的胶带铺好，两侧地毯对缝压在胶带上，然后用电熨斗(加热至130℃～180℃)使胶质熔化，自然冷却后便把地毯黏在胶带上，完成地毯的拼缝连接。

② 接缝后用剪刀将接口处不齐的绒毛修剪整齐。

③ 地毯的张紧与固定。首先将地毯的一条长边用撑子撑平后，固定在倒刺板条上，用扁铲将其毛边掩入踢脚板下的缝隙，即可用地毯张紧器(撑子)对地毯进行拉伸，可由数人从不同方向同时操作，用力适度均匀，直至拉平张紧。若小范围不平整可用小撑子通过膝盖配合将地毯撑平。将其余三个边均牢固稳妥地勾挂于周边倒刺板朝天钉钩上面压实，以免引起地毯松弛，地毯张紧后将多余的部分裁去，再用扁铲把地毯边缘塞入踢脚板和倒刺板之间。对于走廊处较长的地毯铺设，应充分利用地毯撑子使地毯在纵横方向呈“V”形张紧，然后再固定。

(8) 地毯收口、清理。在门口和其他地面分界处，应按设计要求分别采用铝合金L形倒刺收口条、带刺圆角锑条或不带刺的铝合金压条(或其他金属装饰压条)进行地毯收口。方法是弹出线后用水泥钢钉(或采用塑料胀管与螺钉)固定铝压条，再将地毯边缘塞入铝合金压条口内轻敲压实(见图4-46)。

固定后检查完毕，用吸尘器将地毯全部清理一遍。

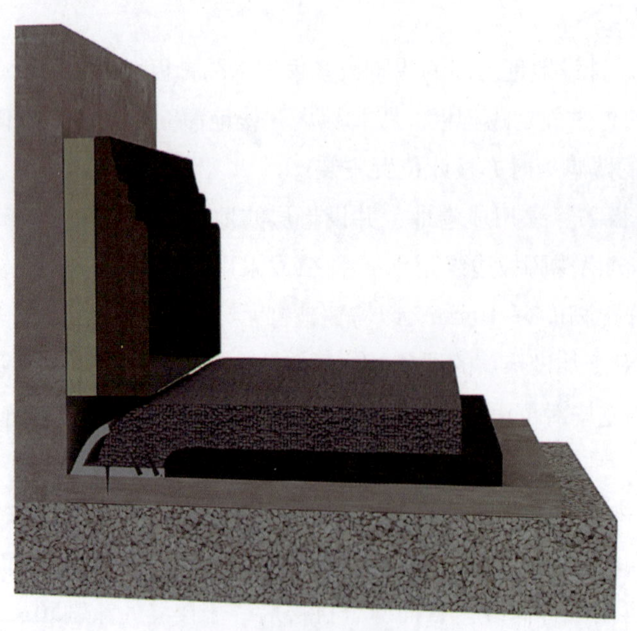

图4-46　地毯铺设及收口构造

2. 地毯的活动式铺设结构做法

地毯的活动式铺设是指将地毯明摆浮搁地铺于楼地面上，不需与基层固定。此类铺设方法一般有三种情况：一是采用装饰性工艺地毯，铺置于较为醒目的部位，形成烘托气氛的某种虚拟空间；二是小型方块地毯，此类产品一般基底较厚，且在麻底下面2～3mm厚的胶层并贴有一层薄毡片，故其重量较大，人行其上时不易卷起，同时也能加大地毯与基层接触面的滞性，承受外力后会使方块与方块之间更为密实，能够满足使用要求；三是指大幅地毯预先缝制连接成整块，浮铺于地面后自然敷平，并依靠家具或设备的重量予以压紧，周边塞紧在踢脚板下或其他装饰造型下部。

地毯的活动式铺设施工工艺流程：基层处理→裁割地毯→(接缝缝合)→铺贴→收口、清理。

基层处理：地毯做活动式铺贴时，要求基层平整光洁，不能有突出表面的堆积物，其平整度要求用2m直尺检查时偏差不大于2mm。先按地毯方块在基层弹出分格控制线，然后从房间中央向四周展开铺排，逐块就位放稳服帖并相互靠紧，收口部位应按设计要求选择适宜的收口条。与其他材料地面交接处，如标高一致，可选用铜条或不锈钢条；标高不一致时，一般应采用铝合金收口条，将地毯的毛边伸入收口条内，再将收口条端部砸扁，即起到收口和边缘固定的双重作用。重要部位也可配合采用粘贴双面黏胶带等稳固措施。

3. 楼梯地毯铺设的结构做法(见图4-47)

图4-47　楼梯地毯铺设的构造

由于人行其上，因此必须铺设牢固妥帖。基层处理、裁剪地毯方法同房间地毯的铺设。铺贴施工其他要点如下：

(1) 测量楼梯所用地毯的长度，在测得长度的基础上，再加450mm的余量，以便挪动地毯，转移调换常受磨损的位置。如所选用的地毯是背后不加衬的无底垫地毯，则应在地毯下面使用楼梯垫料增加耐用性，并可吸收噪声。衬垫的深度必须能触及阶梯竖板，并可延伸至

每阶踏步板外50mm，以便包覆。

(2) 将衬垫材料用地板木条分别钉在楼梯阴角两边，两木条之间应留1.5mm的间隙。用预先切好的地毯角铁(倒刺板)钉在每级踢板与踏板所形成转角的衬垫上。由于整条角铁都有突起的抓钉，故能不露痕迹地将整条地毯抓住。

(3) 地毯首先要从楼梯的最高一级铺起，将始端翻起在顶级的踢板上钉住，然后用扁铲将地毯压在第一套角铁的抓钉上。把地毯拉紧包住梯阶，循踢板而下，在楼梯阴角处用扁铲将地毯压进阴角，并使地板木条上的抓钉紧紧抓住地毯，然后铺第二套固定角铁。这样连续下来直到最下一级，将多余的地毯朝内折转，钉于底级的踢板上。

(4) 所用地毯如果已有海绵衬底，那么可用地毯胶黏剂代替固定角钢。将胶黏剂涂抹在踢板与踏板面上粘贴地毯，铺设前将地毯的绒毛理顺，找出绒毛最为光亮的方向，铺设时以绒毛的走向朝下为准。在梯级阴角处用扁铲敲打，地板木条上都有突起的抓钉，能将地毯紧紧抓住。在每阶梯、踏板转角处用不锈钢螺钉拧紧铝角防滑条。

(5) 楼梯地毯的最高一级是在楼梯面或楼层地面上，应固定牢固并用金属收口条严密收口封边。如楼层面也铺设地毯，固定式铺贴的楼梯地毯应与楼层地毯拼缝对接。若楼层面无地毯铺设，楼梯地毯的上部始端应固定在踢面竖板的金属收口条内，收口条要牢固安装在楼梯踢面结构上。楼梯地毯的最下端，应将多余的地毯朝内翻转钉固于底级的竖板上。

复习题

1. 简述楼地面与地面的区别与注意事项。
2. 简述楼地面的基本构造原理。
3. 简述块材楼地面构造层次与施工工艺。
4. 简述木楼地面的构造层次与施工工艺。
5. 简述地毯铺设的构造原理。

第5章

墙面装饰构造与施工工艺

模块概述：

墙面装饰是建筑工程的一个重要环节，是建筑物内外空间装饰的又一重要组成部分，是指在建筑物内外墙面、地面及柱面镶、贴、涂、挂、裱等的工艺装饰，是结构表面上的一种装饰方法。它主要包括内墙面装饰与外墙面装饰。墙面装饰主要起到保护墙体、满足使用功能及美化环境的作用。其分类按照施工方法及材料分为抹灰类、贴面类、涂料类、裱糊类、钩挂铺钉类。墙体装饰在建筑物内外空间中占有较大视觉空间，其装饰效果的好坏，直接影响或决定整个建筑物内外空间环境的整体艺术效果的高低。

学习目标

通过本章的学习，了解内外墙装饰的基本功能与分类，掌握各类墙面装饰的基本构造原理，并且能够根据具体的墙面装饰要求和装饰效果，合理选择装饰面层和所用材料，绘制出相应的装饰构造图及施工图，以达到设计的实用性、经济性、装饰性。

教学重点

1. 贴面类墙面装饰构造与施工工艺。
2. 贴挂类墙面装饰构造与施工工艺。
3. 贴板类墙面装饰构造与施工工艺。

技能目标

1. 能绘制各类墙面装饰的构造组成。
2. 能叙述各类墙面装饰工程的基本施工工艺。
3. 能从不同角度对墙面装饰进行分类。

建议学时： 4学时

5.1 概　述

墙面装饰工程中面层是墙面的表层，即装饰层，它直接受外界各种因素的作用。墙面的名称通常以面层所用的材料来命名，如大理石墙面、涂料涂饰墙面、木质装饰板墙面等。根

据使用要求不同，对墙面装饰材料及装饰构造与施工工艺的要求也不尽相同。墙面饰面的功能，通常可分为三个方面：一是保护作用；二是满足使用功能；三是美化环境的作用。

5.1.1　墙面装饰工程的基本使用和装饰功能要求

1．保护作用

保护内外墙体不直接受到自然因素和人为因素的破坏，提高墙体的防潮、防风化、保温、隔热和耐污染的能力，增强墙体的坚固性和耐久性，延长墙体的使用年限。

2．满足使用功能

通过对墙体的各种装饰以求达到改善和满足人们的使用功能，提高墙体的保温、隔热和隔声能力。并对室内空间环境增加了光线反射，改善室内空间的亮度，使室内变得更加温馨，富有一定的艺术魅力的同时满足了人们的使用要求。

3．美化环境的作用

使建筑物内外空间通过墙面各种材料的色彩、质感、纹理、线条等的处理，丰富建筑物内外墙面的造型，提高建筑物内外空间的艺术效果，美化环境。

05

5.1.2　墙面装饰工程的基本构造组成

墙面装饰工程的基本构造组成一般分为建筑基层、底层、中层和面层。建筑基层是指建筑物主体，底层主要起与基层黏结和初步找平作用；中层主要起找平层的作用；面层主要起装饰的作用。其构造如图5-1所示。

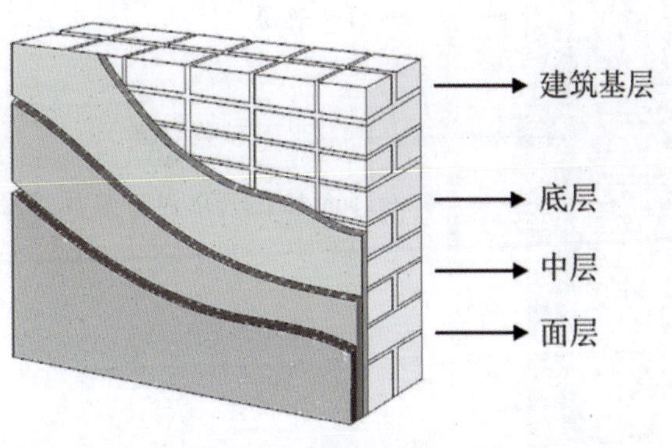

图5-1　墙面装饰工程构造

5.1.3　墙面装饰工程的分类

墙面装饰工程根据其内外环境，可分为内墙面装饰工程与外墙面装饰工程；按其装饰

构造原理与施工工艺，可分为抹灰类墙面装饰构造、贴面类墙面装饰构造、贴挂类墙面装饰构造、贴板类墙面装饰构造和裱糊类墙面装饰构造。由于抹灰类墙面装饰构造与施工和裱糊类墙面装饰构造与施工单独作为一个章节进行讲授，所以，本章着重讲授贴面类墙面装饰构造、贴挂类墙面装饰构造与贴板类墙面装饰构造。

5.2　贴面类墙面装饰构造与施工工艺

贴面类墙面构造与施工工艺是指尺寸、质量不是很大的人造或天然饰面预制块材，用砂浆类材料黏结于墙面基层的一种装饰工艺方法。常见的贴面类墙面种类有各种陶瓷预制面砖(釉面砖、通体砖、抛光砖、玻化砖、仿古砖、劈离砖、陶瓷锦砖等)、超薄石材(小块天然大理石、人造大理石、碎拼大理石)等。

5.2.1　内墙镶贴瓷砖装饰构造与施工工艺

1．内墙镶贴瓷砖一般装饰构造原理

其构造原理大体上由底层砂浆、黏结层砂浆和块状贴面材料面层组成，底层砂浆具有使饰面层与基层之间黏结和找平的双层作用，黏结层砂浆的作用是与底层形成良好的整体，并将贴面材料黏附在墙体上(见图5-2)。

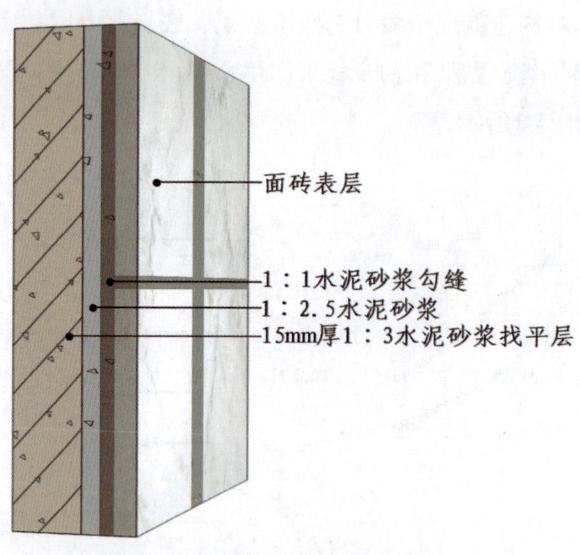

图5-2　内墙镶贴瓷钻构造

2．施工工艺流程及操作要点

基层处理→抹底子灰→弹线、排砖→浸砖→贴标准点→镶贴→擦缝。

(1) 基层处理。镶贴瓷砖的基层表面必须平整和粗糙，如果是光滑基层应进行凿毛处理，基层表面砂浆、灰尘及油渍等应用钢丝刷或清洗剂清洗干净，基层表面凹凸明显部位，要事先踢平或用水泥砂浆补平。

在抹底子灰前，应根据不同的基体进行处理，以解决找平层与基层的黏结问题。如墙体基体应将基层清理干净后，洒水润湿，纸面石膏板或其他轻质墙体材料基体应将板缝按具体产品及设计要求做好嵌填密实处理，并将表面用接缝(穿孔纸带或玻璃纤维网格布等防裂带)黏覆补强，使之形成稳固的墙体，对于混凝土基体，可选用下述三种方法之一。一是将混凝土表面凿毛后用水润湿，刷一道聚合物水泥浆。二是将1∶1水泥细砂浆(内掺适量胶黏剂)喷或甩到混凝土基体表面，在缺棱掉角处刷聚合物水泥浆一道，用1∶3∶9水泥石膏混合砂浆分层找平，待干燥后，钉机制镀锌钢丝一层并绷紧，使基层表面要求达到净、干、平、实。

(2) 抹底子灰。基体基层处理好后，用1∶3水泥砂浆或1∶1∶4 的混合砂浆打底。打底时要分层进行，每层厚度宜5～7mm，并用木抹子搓出粗糙面或划出纹路，用刮杠和托线板检查其平整度和垂直度，隔日浇水养护。

(3) 弹线、排砖。待底层灰六七成干时，按图纸要求，结合瓷砖规格进行弹线、排砖。先量出镶贴瓷砖的尺寸，立好皮数杆，在墙面上从上到下弹出若干条水平线，控制水平皮数，再按整块瓷砖的尺寸弹出竖直方向的控制线。此时要考虑排砖形式和接缝宽度应符合设计要求，接缝宽度应注意水平方向和垂直方向的砖缝一致，排砖形式主要有直缝和错缝(俗称“骑马缝”)两种。在同一墙面上的横竖排列，不宜有一行以上的非整砖，且非整砖要排在次要位置或阴角处。当遇有墙面盥洗镜等装饰物时，应以装饰物中心线为准向两边对称排砖，排砖过程中的边角、洞口和突出物周围常常出现非整砖成半砖，应将整块瓷砖切割成合适小块进行预排，并注意对称和美观。

(4) 浸砖。瓷砖在镶贴前应在水中充分浸泡，以保证镶贴后不致因吸灰浆中的水分而粘贴不牢。一般浸水时间不少于2小时，取出阴干备用，阴干时间通常为3～5小时，以手摸无水感为宜。

(5) 镶贴。瓷砖铺贴的方式有离缝式和无缝式两种。无缝式铺贴要求阳角转角铺贴时要倒角，即将瓷砖的阳角边厚用瓷砖切割机打磨成30°～40°，以便对边缝。依砖的位置，排砖有矩形长边排列和竖直排列两种。正式镶贴前应贴标准点，即用混合砂浆将废瓷砖粘贴厚度粘贴在基层上做标志块，用托线板上下挂直，横向拉通，用以控制整个镶贴瓷砖表面的平整度。在地面水平嵌上一根八字尺或靠尺，这样可防止瓷砖因自重或灰浆未硬结而向下滑移，以确定其横平竖直。铺贴瓷砖宜从阳角开始，先大面，后阴阳角和凹槽部位，并向下向上粘贴。用铲子在瓷砖背面刮满刀灰，贴于墙面用力按压，用铲刀柄轻轻敲击，使瓷砖紧密黏于墙面，再用靠尺按标志块将其校正平直。取用瓷砖及贴砖要注意浅花色瓷砖的顺反方向，不要粘颠倒，以免影响整体效果。铺贴要求砂浆饱满，厚度6～10mm，若亏灰时，要取下重

贴，不得在砖口处塞灰，防止空鼓。一般每贴6～8块应用靠尺检查平整度，随贴随检查，如有高出标志块者，可用铲刀木柄或木锤轻捶使之平整；如有低于标志块者，则应取下重贴，同时要保证缝隙宽窄一致。当贴到最上一行，上口要成一直线，上口如没有压条，则应镶贴一面有圆弧的瓷砖。其他设计要求的收口、转角等部位，以及腰线、组合拼花等均应采用相应的砖块(条)就位镶贴。

铺贴时黏结料宜用1：2的水泥砂浆，为改善和易性，可掺15%的石膏灰，亦可用聚合物水泥砂浆，当用聚合物水泥砂浆时，其配合比应由实验确定。水管处应先铺周围的整块砖，后铺异型砖。此时，水管顶部镶贴的瓷砖应用胡桃钳钳掉多余的部分，一次钳得不要太多，以免瓷砖碎裂。对整块瓷砖打预留孔，可以先用打孔器钻孔，再用胡桃钳加工至所需孔径。

整块砖时，应根据所需要的尺寸在瓷砖背面划痕，用专用瓷片刀沿木尺切割出较深的割痕，将瓷砖放在台面边沿处，用手将切割的部分掰下，再把断口不平和切割下的尺寸稍大的瓷砖放在磨石上磨平。

(6) 擦缝。镶贴完毕，自检无控鼓、不平、不直后，用棉丝擦净。然后把白水泥加水调成糊状，用长毛刷蘸白水泥在墙砖缝上刷，待水泥浆变稠，用布将缝里的素浆擦匀，砖面擦净，不得漏擦或形成虚缝。对于离缝的饰面，宜用于釉面砖颜色相同的水泥浆嵌缝或按设计要求处理。

5.2.2 内墙镶贴瓷砖强力胶直接粘贴法简介

随着新材料技术的发展，现已出现许多新型胶黏剂——瓷砖胶和瓷砖胶粉，有水溶性胶、水乳型胶、改性橡胶类胶、双组分环氧系胶及建筑胶粉等。采用这种黏胶剂用量少、强度大、施工方便，瓷砖无须用水浸泡，采用瓷砖面色一致的彩色胶黏剂，无须填缝，施工效率大大提高。

1. 内墙镶贴瓷砖强力胶直接粘贴法构造流程图(见图5-3、图5-4)

图5-3 涂胶

图5-4 直接粘贴

2. 施工工艺流程及要点

基层处理→弹线→石材背面清理→调胶→石板黏结点涂胶→镶装板块调整→嵌缝→清洗。

(1) 基层处理。该施工方法简单，但对基层平整度要求较高，因基面的平整度直接影响面板的平整度。

(2) 胶料选用。这种新型强力胶目前施工中一般都采用进口胶料，分快干型、慢干型两类。一般为A、B双组分，现场调制使用。由于胶的粘贴质量是施工质量的根本保证，因此要严格按产品说明书进行配置，均匀混合，调制一般在木板上进行，随调随用。通常胶的有效时间在常温45分钟内。

(3) 粘贴方法。粘贴时，板块与墙面的间距不宜大于8mm。将调好的胶料分点状(5点)或条状(3条)在石板背面涂抹均匀，厚度10mm，根据已弹好的定位线将板材直接粘贴到墙面上，随后对粘贴点、线检查是否粘贴可靠，必要时加胶补强。当石板镶贴高度较高时，应根据说明书要求采用部分锚件，增强安全可靠性能。

5.2.3　外墙镶贴面砖装饰构造与施工工艺

05

1. 外墙镶贴面砖装饰构造示意图(图5-5)

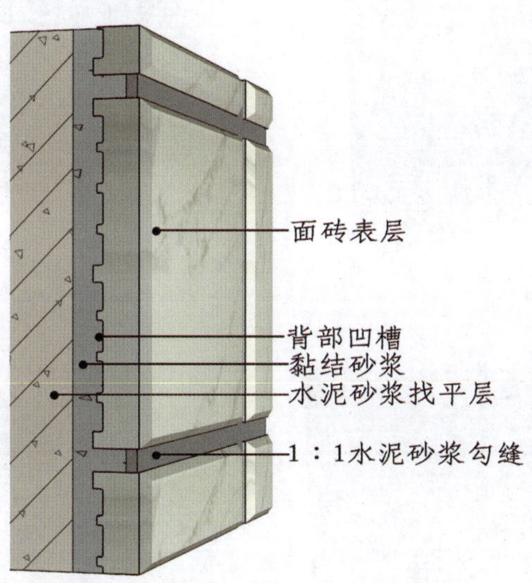

图5-5　外墙镶贴面砖构造

2. 施工工艺流程及操作要点

基层处理→抹底子灰→弹线分格、排砖→浸砖→贴标准点→刷结合层→镶贴面砖→勾缝→清理表面。

(1) 基层处理。清理墙、柱面，将浮灰和残余砂浆及油渍冲刷干净，再充分浇水润湿，并按设计要求涂刷结合层(采用聚合物水泥砂浆或其他界面处理剂)，再根据不同基体进行基层处理，处理方法如同内墙饰面砖工程。

(2) 抹底子灰。打底时应分层进行，每层厚度不应大于7mm，以防空鼓。第一遍抹后扫毛，待六七成干时，可抹第二遍，随即用木杠刮平，木抹搓毛，终凝后浇水养护。多雨地区，找平层宜选用防水、抗渗性水泥砂浆，以满足抗渗漏要求。

(3) 弹线分格、排砖。按设计要求和施工样板进行排砖，确定接缝宽度及分格，同时弹出控制线，做出标记。排砖须用整砖，对于必须用非整砖的部位，非整砖的宽度不宜小于整砖宽度的 1/3。

一般要求阳角、窗口都是整砖。若按块分格，应采取调整大小的方法排砖、分格。外墙镶贴的饰面砖的外形有矩形和方形两种，矩形贴面砖可以采用密缝、疏缝，按水平、竖直方向相互排列，其排列方式有6～8种(见图5-6)。密缝排列时，缝宽控制在1～3mm内，疏缝排列时砖缝宽一般控制在4～20mm内。凸出墙体部位，如窗台、腰线、阳角及滴水线等的饰面层排砖方法，其正面砖要往下凸出3～5mm，底面砖要做出流水坡度。

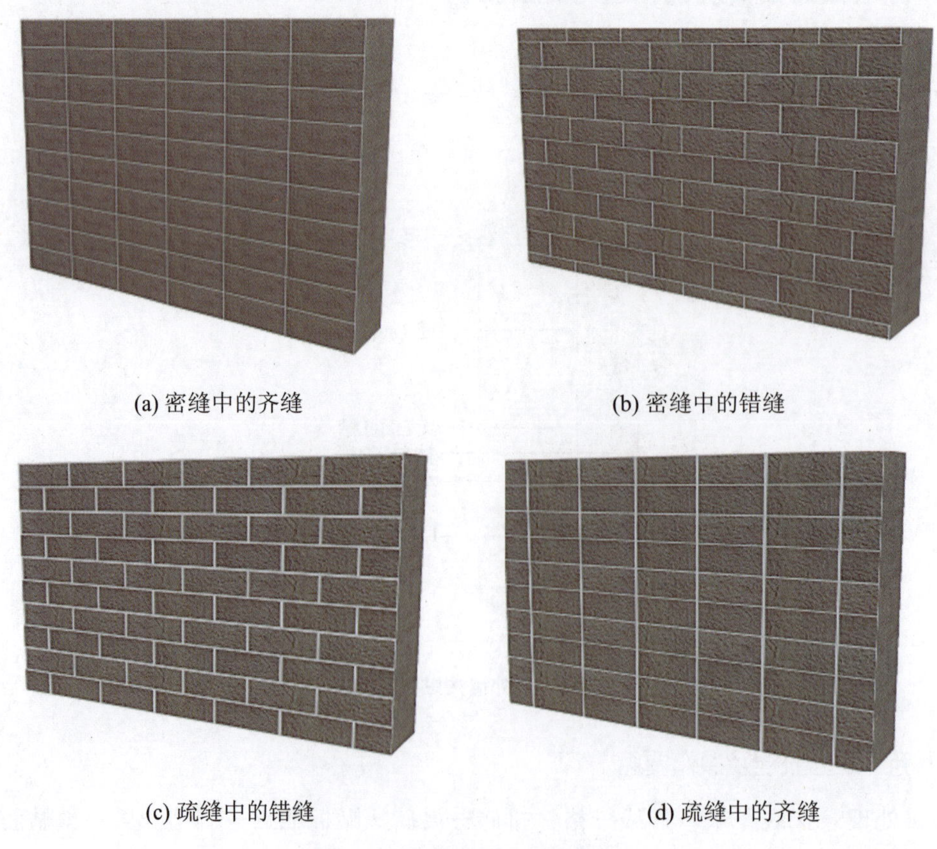
(a) 密缝中的齐缝　(b) 密缝中的错缝

(c) 疏缝中的错缝　(d) 疏缝中的齐缝

图5-6　矩形贴面砖的排列方式

(4) 浸砖。与内墙瓷砖相同。

(5) 贴标准点。在镶贴前，应先贴若干块废面砖作为标准块，上下用托线板吊直，作为黏结厚度的依据。横向每隔1.5～2.0m做一个标志块，用拉线或靠尺校正平整度。靠阳角的侧面也要挂直，称为双面挂直。

(6) 刷结合层。找平层经合格并养护后，宜在表面涂刷结合层，这样可以有益于满足强度要求，提高外墙饰面砖粘贴质量。

(7) 镶贴面砖。外墙饰面砖宜采用自上而下顺序镶贴，并先贴墙往后贴墙面再贴墙间墙。铺贴用砂浆一般为1∶2水泥砂浆或掺入不大于水泥质量15%的石膏的水泥混合砂浆。粘贴时，先按水平线垫平八字尺或直靠尺，再用面砖背面满铺黏结砂浆，粘贴层厚度宜在4～8mm。粘贴后，用小铲柄轻轻敲击，使之与基层黏牢，并随时用直尺找平找方，贴完一行后，需将面砖上的灰浆刮净。对于有设缝要求的饰面，可按设计规定的砖缝宽度制备小十字架，临时卡在每四块砖相邻的十字缝间，以保证缝隙精确；单元式的横缝或竖缝，则可用分隔条，一般情况下只需挂线贴转。分隔条在使用前应用水充分浸泡，以防胀缩变形，在粘贴面砖次日(或当日)取出，取条时应轻巧，避免碰动面砖。

(8) 勾缝、清洗表面。贴完一个墙面或全部墙面并检查合格后进行勾缝。勾缝应用水泥砂浆分皮嵌实，并宜先勾水平缝，后勾竖直缝。勾缝一般分两遍，头遍用1∶1水泥砂浆，第二遍用与面砖同色的彩色水泥砂浆擦成凹缝，凹进深度为3mm。勾缝应连续、平直、光滑、无裂纹、无空鼓。勾缝处残留的砂浆，必须清洗干净。同时用3%～5%的稀盐酸清洗表面，并用清洗水冲洗干净。

05

5.2.4　锦砖贴面装饰构造与施工工艺

锦砖又称马赛克、纸皮砖，有陶瓷锦砖和玻璃锦砖两种，两者的粘贴方式相同。马赛克由各种形状、片状的小块拼成各种图案贴于牛皮纸上，尺寸一般为305mm×305mm，称为一联(张)。施工时，以整联镶贴。

1．锦砖贴面工程装饰构造示意图(见图5-7)

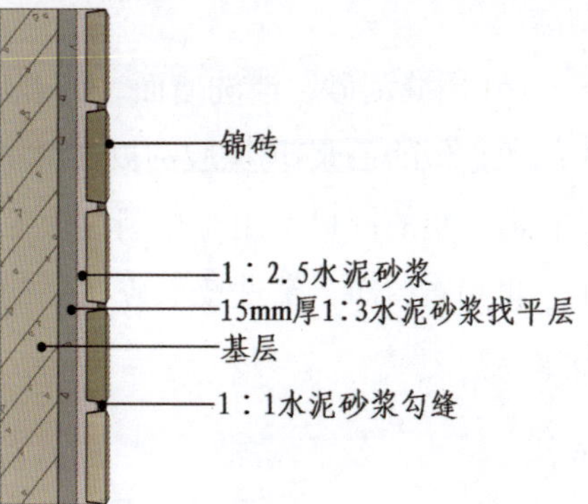

图5-7　锦砖贴面工程装饰构造

2．施工工艺流程及操作要点

基层处理→抹底子灰→排砖、弹线、分格→镶贴→揭纸→检查调整→闭缝刮浆→清洗→喷水养护。

(1) 基层处理。施工方法同外墙面砖。

(2) 抹底子灰。施工方法同外墙面砖。

(3) 排砖、分格、弹线。根据设计、建筑物墙

面总高度、横竖装饰线条的布置、门窗洞口和马赛克品种规格定出分格缝宽，弹出若干水平线、垂直线，同时加工好分格条。注意同一墙面上应采用同一种排列方式，预排中应注意阳角、窗口处必须是整砖，而且是立面压侧面。

(4) 镶贴。每一分格内粘贴马赛克一般自下而上进行。按已弹好的水平线安放八字尺或直靠尺，并用水平尺校正垫平。一般两人协同操作，一人在前面洒水润湿墙体，先刮一道素水泥浆，随即抹上2～5mm厚的水泥砂浆为黏结层，并用靠尺刮平；另一人将马赛克铺在木垫板上，纸面朝下，锦砖背面朝上，先用湿布把底面擦净，用水刷一遍，再用刮白水泥浆，如果设计对缝格的颜色有特殊要求，也可用普通水泥或彩色水泥。一边刮浆一边用铁抹子往下压，将素水泥浆挤满锦砖的缝格，砖面不要留砂浆。清理四边余灰，将刮浆的纸交给镶贴操作者进行粘贴。

另一种操作方法是在抹黏结层之前，在润湿的墙面上抹1∶3的水泥砂浆或混合砂浆，分层抹平，同时将整联锦砖铺在木垫子上(锦砖被面朝上)。缝中灌1∶2干水泥砂浆，并用软毛刷刷净底面浮砂，再用刷子稍刷一点水，刮抹薄薄一层水泥砂浆(1∶0.3=水泥∶石膏灰)，随即进行粘贴。

05 到位镶贴操作时，操作者双手执在上方，使之下口所垫直尺齐平，从下口粘贴线向上粘贴砖联，缝子要对齐，并且要注意每一大张之间的距离，以保持整个墙面的缝格一致。准备附位后随之压实，并将硬木垫板放在已贴好的马赛克面上，用小木锤敲击木拍板，使其平整。

(5) 揭纸、拔缝。一般一个单元的马赛克铺完后，在砂浆初凝前(20～30分钟)达到基本稳固时，用软毛刷刷水润透护面纸(或其他护面材料)，用双手轻轻将纸揭下，揭纸宜从上往下撕，用力方向尽量与墙面平行。

揭纸后检查缝的大小，用金属拔板(或开刀)调整弯扭得缝隙，并用黏结材料将未填实的缝隙嵌实，使之间距均匀。拔缝后再在马赛克上贴好垫板轻敲拍实一遍，以增强与墙面的黏结。

(6) 闭缝刮砂、清洗墙面。待全部墙面铺贴完，黏结层终凝后，将白水泥稠浆(或与马赛克颜色近似的色浆)用橡胶刮板往缝子里刮满、刮实、刮严，再用麻丝和擦布将表面擦净。遗留在缝子里的浮砂可用干净潮湿软毛刷带出。超出的米厘条分格缝要用1∶1水泥砂浆勾严勾平，再用布擦净。清洗墙面应在黏结层和勾缝砂浆终凝后进行。全面清理并擦干净后，次日喷水养护。

5.3 贴挂类墙面装饰构造与施工工艺

贴挂类墙面装饰是指一般板材较大、尺寸规格较高、镶贴高度较高时，采用一定的金属钩挂连接件将饰面板固定到墙体表面上的一种装饰工艺。其构造原理大体是在基层上事先预埋或后置铁件固定竖筋，按板材高度将横筋固定到竖筋上；然后用金属丝或金属扣件穿过已经开好槽或钻好孔的石材，将其绑挂在横筋上；最后，在板材与墙面的缝隙内分层灌入水泥砂浆，如果是用金属扣挂件固定板材，无须再在板材与墙面的缝隙内灌入水泥砂浆。常见的贴挂类有系挂和钩挂两种，系挂有绑扎锚固灌浆法，钩挂有金属锚固灌浆法、金属扣件挂板安装法等，如天然石材(如大理石、花岗岩)和预制块板材(如预制水磨石板、人造石材等)(见图5-8、图5-9)。

图5-8　石材贴挂类墙面

图5-9　石材贴挂类墙面

5.3.1　天然石材饰面板构造与施工工艺

采用花岗岩和大理石等天然石材装饰板镶贴安装于建筑内外墙(柱)面的装饰形式，能够有效提高建筑物及内部空间环境的艺术质量与文化品位，给人以高贵典雅或凝重肃穆之感。随着建材工业的发展，也可以选用新型材料仿制天然饰面而达到同样的艺术效果，且能克服天然石材的性能缺陷，增强石材饰面工程的使用安全性，例如微晶玻璃仿天然石装饰板、CIMIC全玻化(陶瓷)石幕墙板等，不仅可以达到天然石材的外观效果，且质轻高强、耐久耐候、色彩丰富，尤其符合节约自然资源和实现建筑装饰装修健康环保的时代要求。天然石材在装饰工程中的安装施工方式，目前，常用的做法可概述为以下几种：

(1) 直接黏结固定。它指采用水泥浆、聚合物水泥及新型黏结材料(建筑胶黏剂，如环氧系结构胶)等将天然石材饰面板直接镶贴黏结固定于建筑结构基面表面。薄质板材的直接粘贴施工工艺，与内、外墙面砖黏贴工艺相同。

(2) 锚固灌浆施工。在建筑结构墙面固定竖向钢筋，在竖向钢筋上绑扎横向钢筋而构成纵横交叉布置的钢筋网，在钢筋网上绑扎天然石材板，或是采用金属锚固件钩挂板材并与建筑基体固定；然后，在板材饰面的背面与基层表面所形成的空腔内灌注水泥砂浆或水泥石屑浆，整体地固定天然石板，是一种传统的石材饰面施工方法。此种方法已基本不用。

(3) 金属扣件挂板安装。其主要做法是在建筑墙体施工时预埋铁件，或是采用金属膨胀螺栓固定不锈钢连接扣件，再通过不锈钢连接扣件(挂件)以及扣件上的不锈钢销或钢板插舌固定板端打孔或开槽的天然石饰面板。

(4) 薄型石板的简易安装法。最新型的天然石材装饰板产品，其厚度仅有8.0～8.5mm，安装时作为配套的系统装饰工程，可以有多种连接与固定的做法供选择，如螺钉固定、黏结固定、卡槽或龙骨吊挂以及磁性条复合固定等，使天然石饰面板施工十分简易，该种安装方法可参照其使用说明进行操作。

5.3.2 金属件锚固灌浆法构造原理及其施工工艺

1．金属件锚固灌浆法构造原理(见图5-10)

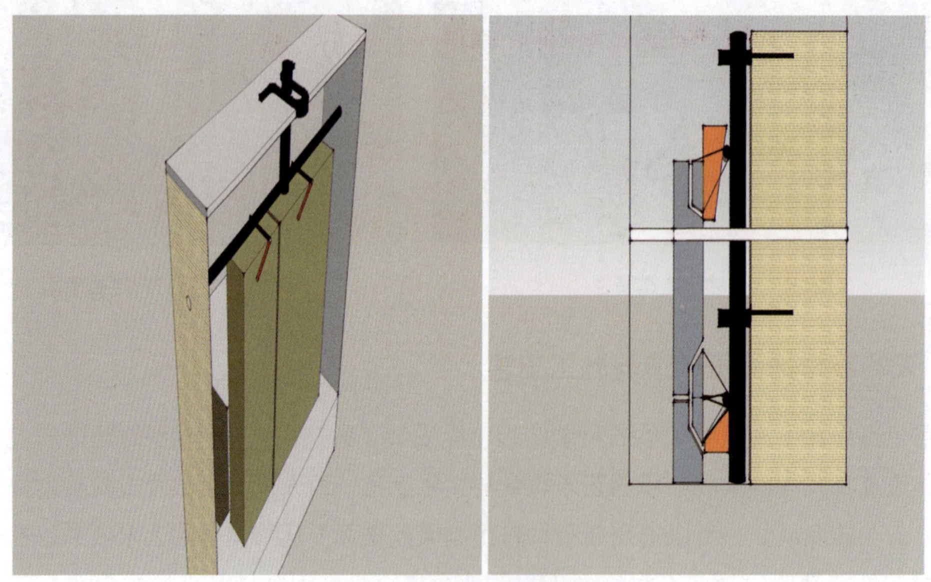

图5-10　金属件锚固灌浆法构造

2．金属件锚固灌浆法施工工艺流程及操作要点

基层处理→板块钻孔→弹线分块、预排编号→固定校正→灌浆→清理→嵌缝。

金属件锚固灌浆法也称U形钉锚固灌浆法。它采用金属件锚固板材的做法可免除绑扎钢

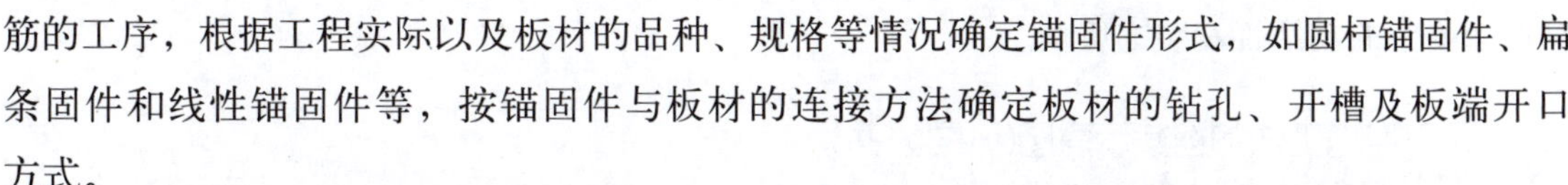

筋的工序，根据工程实际以及板材的品种、规格等情况确定锚固件形式，如圆杆锚固件、扁条固件和线性锚固件等，按锚固件与板材的连接方法确定板材的钻孔、开槽及板端开口方式。

(1) 板块钻孔及剔槽。在距板两端1/4～1/3处的板厚中心钻直孔，孔径6mm，孔深40～50mm(与U形钉折弯部分的长度尺寸一致)。板宽≤600mm时钻2个孔，板宽>600mm时钻位距板下端100mm，孔径6mm，孔深40～50mm。上、下直孔空口至板背踢出深5mm的凹槽，以便于固定板块时卧入U形钉圆杆，而不影响板材饰面的严密接缝。

(2) 基体板材打孔。将钻孔剔槽后的石板按基体表面的放线分格位置临时就位，对应于板块上、下孔位，用冲击电钻在建筑基体上钻孔，斜孔与基体表面呈45°，孔径5mm，孔深40～50mm。

(3) 固定板材。根据板材与基体之间的灌浆层厚度及U形件折弯部分的尺寸，制备5mm直径的不锈钢U形钉。板材到位后将U形钉一端勾进石板直孔，另一端插入基体上的斜孔，拉线、吊铅垂或用靠尺板等校正板块上下口及板面平整度与水平度，并注意与相邻板块接缝严密，即可将U形件插入部分用硬木小楔塞紧或注入环氧树脂固定，同时用大木楔在石板与基体之间的空隙中塞稳。

(4) 临时固定。板块安装好一层后，即可进行灌浆，用高强度石膏间隔点或贴于板块间的缝隙处，石膏固化后，不易开裂，起到临时固定的作用，避免灌浆时产生板块位移。同时检查板与板的交角处四角平直度。

(5) 灌浆操作。待临时固定的石膏灰硬化后，可以进行灌浆。

灌浆分为三步：

第一层灌浆后1～2小时，灌浆高度不超过板材高度的1/3。

第二层灌浆高度为100mm，即板材的1/2高度。

第三层灌浆低于板材的80～100mm处为止。

所留余量待上一层板块灌浆时完成，以便上下连成整体。每排板材灌浆后，应养护不小于2小时，再进行上一排板材绑扎和灌浆。

(6) 清理：第一层灌浆完毕，待砂浆固化后，即可清理板块上的余浆，并擦干净。

(7) 嵌缝：全部板块安装完毕后，将表面清理干净，并按板材颜色调制水泥色浆进行嵌缝，使缝隙密实干净，颜色一致。

5.3.3　干挂施工法的构造示意图及其施工工艺

干挂工艺是利用高强度螺栓和耐腐蚀、强度高的金属挂件(扣件、连接件)或利用金属龙骨，将饰面石板固定于建筑物的外表面的做法，石材饰面与结构之间留有40～50mm的空隙。此法免除了灌浆湿作业，可缩短施工周期，减轻建筑物自重，提高抗震性能，增强了石材饰面安装的灵活性和装饰质量。

1．干挂施工法的构造示意图(见图5-11)

①墙体；②膨胀螺栓；

③不锈钢锚固件；

④板材；⑤不锈钢销子；

⑥密缝胶

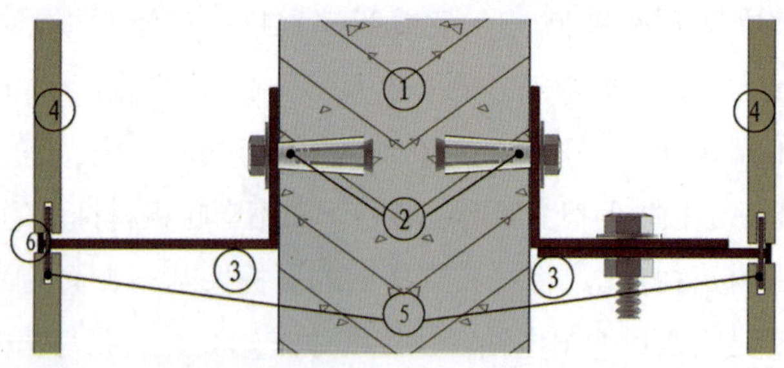

图5-11 干挂施工法的构造

2．不锈钢连接件干挂法施工工艺流程及操作要点

干挂法安装石板的方法有数种，主要区别在于所用连接的形式不同，常用的有销针式和板销式两种。销针式也称钢销式。在板材上下端面打孔，插入ø5mm或ø6mm(长度宜为20～30mm)不锈钢销，同时连接不锈钢舌板连接件，并与建筑结构基体固定。其L形连接件可与舌板为同一构件，即所谓“一次连接”法；亦可将舌板与连接件分开并设置调节螺栓，而成为能够灵活调节进出尺寸的所谓“二次连接”法(见图5-12、图5-13)。

板销式是将上述销针式钩挂石板的不锈钢销改为≥3mm厚(由设计经计算确定)的不锈钢板条挂件(扣件)，施工时插入石板的预开槽内，用不锈钢连接件(或本身即呈L形的成品不锈钢挂件)与建筑结构体固定(见图5-14)。

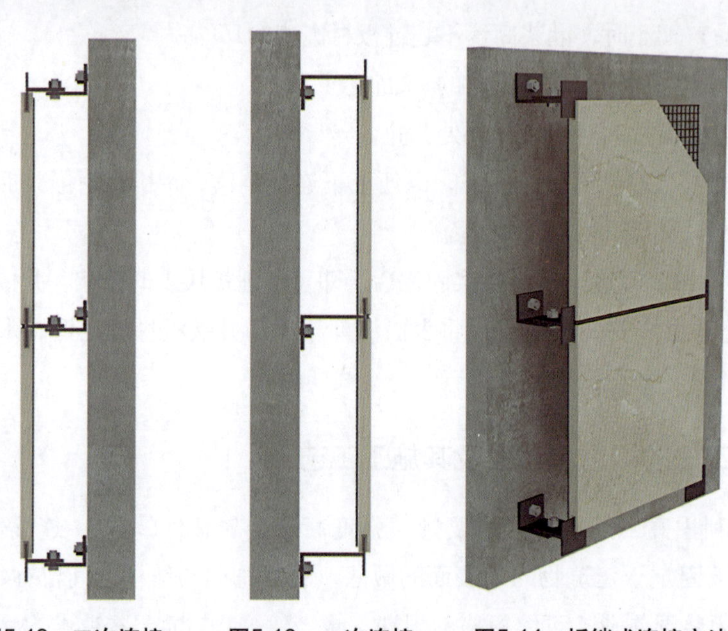

图5-12 二次连接　　图5-13 一次连接　　图5-14 板销式连接方法

1) 不锈钢连接件干挂法施工工艺流程

基面处理→弹线→打孔或开槽→固定连接件→镶装板块→嵌镶→清理。

2) 操作要点

(1) 基面处理。对于适于金属扣件干挂石板工程的混凝土墙体，当其他表面有影响板材安装的凸出部位时，应予凿销修整，墙面平整度一般控制在4mm/2m，墙面垂直偏差在H/1000或20mm以内，必要时做出灰饼标志以控制板块安装的平整度，将基面清洁后进行放线。设计有要求时，在建筑基层表面涂刷一层防水剂，或采用其他方法增强外墙体的防渗漏性能。

(2) 弹线。在墙面上吊垂直线及拉水平线，控制饰面的垂直度、水平度，根据设计要求和施工放样图弹出安装板块的位置线和分块线，最好用经纬仪打出大角两个面的竖向控制线，确保安装顺利。放线时注意板与板之间应留缝隙，磨光板材的缝隙除镶嵌有金属条等装饰外，一般留1～2mm，火爆花岗岩板与板间的缝隙要大些，粗磨面、麻面、条纹面留缝隙5mm，天然石材留缝隙10mm。放线必须准确，一般由墙向两边弹放，使墙面误差均匀地分布在板缝中。

(3) 打孔或开槽。根据设计尺寸在板块上下端面钻孔，孔径7mm或8mm，孔深22～33mm，与所用不锈钢销的尺寸相适应并加适当空隙余量，打孔的平面应与钻头垂直，钻孔位置要准确无误；采用板销固定石材时，可用手磨机开出槽位。孔槽部位的石屑和尘埃应用气动枪清洗干净。

(4) 固定连接件。根据施工放样图及饰面板的钻孔位置，用冲击钻在结构对应位置上打孔，要求成孔与结构表面垂直。然后打入膨胀螺栓，同时镶装L形不锈钢连接件，将扣件固定后，用扳手拧紧。连接板上的孔洞均呈椭圆形，以便于调节。

(5) 镶装板块。利用托架、点楔或其他方法将底层石板准确就位并用夹具做临时固定，用环氧树脂类结构胶黏剂(符合性能要求的石材干挂胶有多种选择，由设计确定)灌入下排板块上端的孔眼(或开槽)，插入不小于ø5mm的不锈钢销或厚度不小于3mm的不锈钢挂件插舌，再于上排板材的下孔、槽内注入胶黏剂后对准不锈钢或不锈钢舌板插入，然后调整板水平和垂直度，校正板块，拧紧调节螺栓。如此自下而上逐排操作，直至完成石板干挂饰面。对于较大规格的重型板材安装，除采用此法安装外，尚需在板块中部端面开槽加设承托扣件，进一步支撑板材的自重，以确保使用安全。应拉水平通线控制板块上、下口的水平度。板材从最下一排的中间或一端开始，先安装好第一块石板做基准，平整度以灰饼标志块或垫块控制，垂直度应用吊线锤或用仪器检测第一排板安装完毕后，再进行上一块板的安装。

(6) 嵌缝。完成全部安装后，清理饰面，每一施工段镶装后经检查无误，即按设计要求进行嵌缝处理。对于较深的缝隙，应先向缝隙填入发泡聚乙烯圆棒条，外层注入石材专用的耐候硅酮封胶。一般情况下，硅胶只封平接缝表面后比板面稍凹少许即可。雨天或板材受潮时，不宜上胶。

05

5.4 贴板类墙面装饰构造与施工工艺

贴板类饰面也称罩面板饰面，是指用面板、木线条、竹条、胶合板、纤维板、石膏板等材料，通过镶、钉、拼贴等构造手法构成的墙面饰面。这类装饰是建筑装饰中较为传统的构造手法。不锈钢板、金属薄板、三聚氰胺装饰板、塑铝板、玻璃等新材料也多采用此构造，具有安装简洁、湿作业量小、耐久性好、装饰效果丰富的优点(见图5-15)。贴板类饰面基本构造的做法主要是在墙体或结构主体上首先固定龙骨，形成十字形的结构层，然后利用粘贴、紧固件连接、嵌条定位的手段，将饰面板安装在骨架上。有的饰面板还需要在骨架上先设垫层板，如细木工板、多层板等，再安装面板。

图5-15 贴板类饰面

贴板类墙面一般构造示意图如图5-16所示。

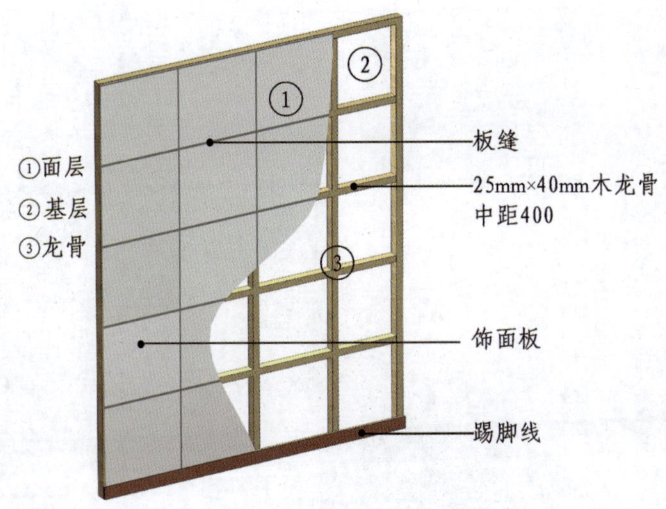

图5-16 贴板类墙面分层构造

5.4.1 木制墙面

木制品护壁是一种高级的室内装饰。它常用于人们容易接触的部位，一般高度视功能而定，也可以与顶棚做平。门、窗、窗帘盒等贴面装饰板类的部位与此构造做法有相同之处。由于人们对环保意识的提高和审美取向简洁化的要求，居住空间墙面此类做法减少，多用于商业建筑的空间装饰。

1. 木质墙面构造方法

木质墙面由龙骨、衬板、饰面板和线条组成。通常在墙内预埋防腐木砖，防腐木砖一般为锥形木楔，通过防腐木楔固定木龙骨，然后再将衬板固定到木龙骨上，最后用胶黏加钉接的方式铺贴木制品面层材料(见图5-17、图5-18)。

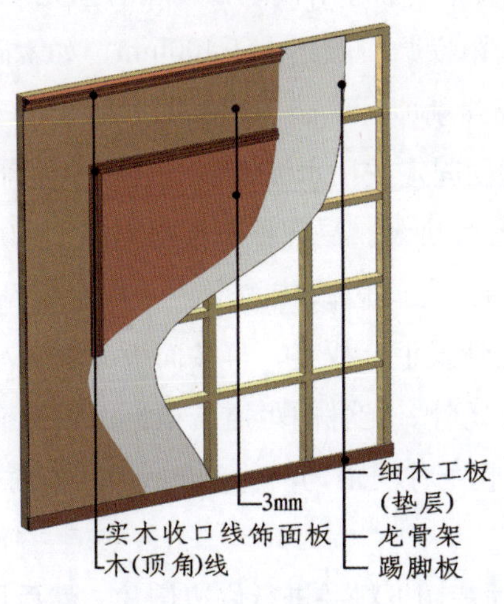

图5-17 木墙面构造

05

图5-18 板材贴面构造

2．木质墙面施工工艺及要点

基层处理→弹线→检查预埋件→制作安装木龙骨→装钉面板→板缝处理。

(1) 基层处理。木质结构的墙体容易受腐、受潮，所以需要清理基层，保证基层的洁净、无污垢油质。

(2) 弹线。应根据设计施工图纸上的尺寸要求，先在墙上画出水平标高线，按木龙骨的分档尺寸弹出分格。

(3) 预埋木砖。根据分格线在墙上加木楔或在砌墙时预先砌入木砖。木砖(木楔)位置应符合龙骨分档的尺寸。木砖的间距横竖一般不大于400mm，如木砖位置不适用可补设，墙体为砖墙时，可在需要加木砖的位置剔掉一块砖，用相同号砂浆卧入一块木块；当墙体为混凝土时，可用射钉固定、钻孔加木楔固定或用水泥钢钉直接将木龙骨钉在墙上。

(4) 制作安装木龙骨。木龙骨拼装。局部护墙板根据高度和房间大小，钉做成大龙骨架，整片或分片安装。在龙骨与墙面之间应做防潮层，一般是铺一层油毡防潮。做全高护墙板时，先按房间死四角和上下龙骨找平、找直，再按面板分块大小由上到下做好木标筋，然后在空档内根据设计要求钉横竖龙骨。龙骨间距通常根据面板幅面尺寸和面板厚度确定，横龙骨一般间距为400～500mm，竖龙骨间距为500～600mm。如面板厚度在10mm以上时，横龙骨间距可适当放大。

(5) 装钉面板。按图纸尺寸裁切下料并进行修边倒角。然后用射钉枪将木饰面板固定在木

龙骨上，钉头可直接埋入木夹板内，如顶头不做处理，需要涂刷防锈漆。

(6) 板缝处理。饰面的收口通常用木线条。常见的有明缝安装、阶梯缝安装和压条缝安装等。

5.4.2　玻璃饰面

玻璃装饰板具有极好的透光率、耐热性、抗旱性及耐候性，容易加工成型等特点。玻璃饰面品种繁多，包括普通平板镜面玻璃或茶色、蓝色、灰色的镀膜镜面玻璃等，各种艺术玻璃，如热熔玻璃、碎纹玻璃、彩釉玻璃、水晶玻璃等。其装饰设计手段更为多样，比如墙面光滑易清洁，一般用于墙面、隔断墙、入口等部位的装饰，起到活跃气氛、扩大空间、虚实相生的作用，也可结合不锈钢、铝合金等材料用于室外的装饰(见图5-19)。

图5-19　玻璃饰面

1．玻璃饰面的装饰构造原理

首先在墙体基面上设置隔气防潮层，防止木衬板收潮变形，影响玻璃表面质量。然后按现场要求立木筋做成木框隔，木筋上钉人造多层木衬，最后再将玻璃固定。固定方法主要有钉固法，在玻璃上钻孔，用各种金属装饰钉直接把玻璃固定在木基层上(见图5-20)；嵌压(托压)法，是靠压条和边框压住玻璃，而压条是用螺钉固定于木筋上的，压条用硬木、塑料、金属(铝合金、不锈钢、铜)等材料制成(见图5-21)；黏结法：适用环氧树脂把玻璃直接黏在衬板上，此用法适用于大面积镜面安装，并用玻璃胶四周密封(见图5-22)。

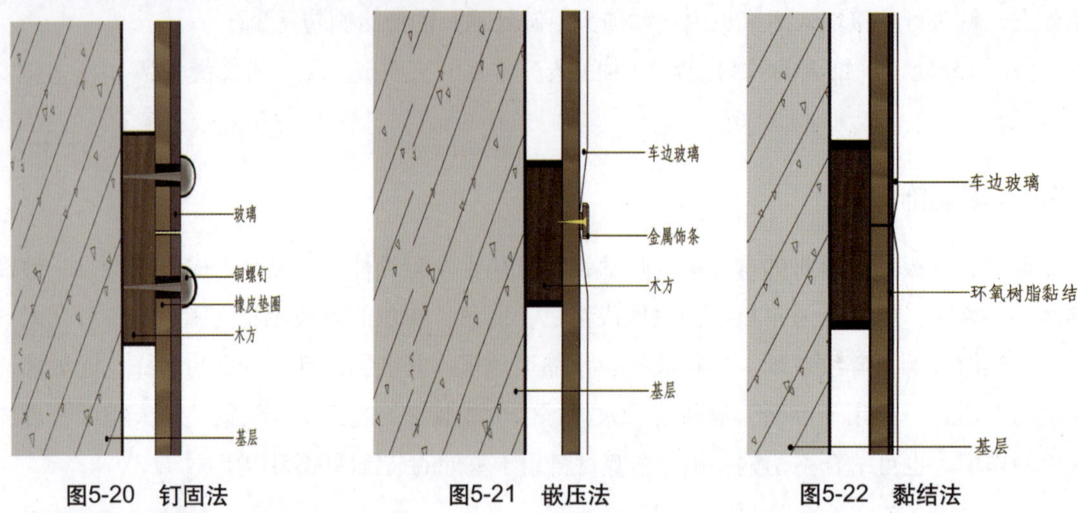

图5-20　钉固法　　图5-21　嵌压法　　图5-22　黏结法

2. 玻璃饰面施工工艺及要点

清理基体→铺贴基层衬板→粘贴面板→板面处理。

(1) 基础处理。清理墙体表面，使其干洁、平整。

(2) 铺贴基层衬板。基层材料可以是木基层、塑料基层、金属基层。一般可以采用黏结法直接将基层衬板铺贴到墙体上，基础衬板要保持平整、清洁干燥、无污物。

(3) 铺贴面板。贴面板时，基层板要清洁干燥、无污物；粘贴时，基层和玻璃底板应同时刷胶，晾15～30分钟，手触无黏性后再粘贴。玻璃板与玻璃板的黏结通常采用玻璃胶、502胶进行粘贴，这类胶可使有机玻璃表面溶解，以达到黏合的目的，要求黏结面清洁、无灰尘。

(4) 板面处理。板材铺贴如果采用黏结法，完成之后要将板面上多余的胶擦抹干净；采用钉固法，需要先钻好孔然后再固定；采用嵌压法，需要将压条或边框压住玻璃边角整齐。

5.4.3　塑料贴面板

塑料贴面装饰板具有强度高、硬度大、耐磨、耐烫、耐燃烧，耐一般酸、碱、油脂等特点，表面光滑或略带凹凸，极易清洗。颜色、花纹、图案品种丰富多彩，多数为高光泽。板材的表面较之木材耐久，装饰效果好，可仿制各种名贵树种的木纹、质感、色泽等，从而可以达到节约工程费用的目的，也可节约优质木。常用作室内墙面、柱面、门面、台面、桌面等一般中档装饰工程，特别适用于餐厅、饭店等易被油污的场所，也可用于车辆、飞机、船舶及家具制作(见图5-23)。

1. 塑料贴面板的装饰构造原理(见图5—24)

塑料贴面板的装饰构造的基本原理为：首先清理基体，然后将处理好的木龙骨固定到基体上，再在木龙骨上铺订基础板，最后铺贴塑料贴面层板。

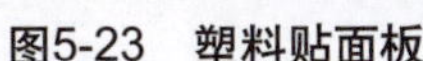
图5-23　塑料贴面板

图5-24　塑料贴面板基本构造

2．塑料贴面板的施工工艺及要点

清理基体→弹线→铺贴基层衬板→粘贴面板→板缝处理→封边处理。

(1) 清理基体。先对基层表面进行清理，清除残灰、污垢，基体须竖直平整，在水泥砂浆基层上粘贴时，基层表面不可有水泥浮浆，表面也不应太光亮，以防止胶液滑移。如果基层是木质板结合层，要求坚实、洁净、平整，麻面要用乳胶泥子修补平整，为增加黏结力需再用乳胶水溶液涂刷一遍。

(2) 弹线、裁剪。根据图纸要求尺寸，精确地在墙面上画出分格线，墙面尺寸确有误差，应调整到两侧。对墙面划分的尺寸和锯裁的贴面板进行编号，裁切的塑料板要用刨刀修边，达到四边平直，无掉皮、飞边。

(3) 铺贴基层衬板。如果塑料贴面板厚度小于2mm，必须在墙面用胶合板、碎木屑板、细木工板、纤维板或刨花板等板材做结合层，以增大幅面强度。若用厚度为9～16mm细木工板、碎木屑板等厚度大的板材，可直接与墙面结合，不必再做木龙骨。对于厚度很薄的贴面板，除采用做木结合层这一方法外，也可以进行板材再加工，即将超薄贴面板先直接镶贴在木质板上(如胶合板、刨花板、细木工板等)做成复合板，再将加工好的复合板板材直接安装在墙体上。加工板材应注意，被胶贴的板材要求具有一定厚度，胀缩性小。

(4) 粘贴饰面板。胶黏时，须将塑料装饰板背面预先砂毛，再进行涂胶，这是因为塑料贴面板质硬、渗透性小、不易吃胶。同时，为易于胶合，被贴面的板材表面也要加工砂毛。

(5) 板缝处理。饰面板铺贴完成之后，需要处理板缝，一般采用压条法或对缝法。

(6) 封边处理。塑料贴面板粘贴安装完毕后，为防止和避免边缘碰伤和开胶，要进行封边

05

处理，封边一般有三种做法，木镶边——将镶边木条封压在贴面板的四边，在结合面涂胶，用扁帽钉将镶边钉在板框上；贴边——用塑料装饰条或刨制的单板条在板框的周边胶贴，注意四角均需45° 对角收口；金属镶边——用铝制或薄钢片压制成槽形装饰压条，按尺寸裁好，并在对角处切成45° 的斜角，用钉子或木螺丝安装在板边上。

复习题

1. 简述墙面铺贴装饰构造的基本原理。
2. 简述内墙镶贴瓷砖的工艺流程和操作要点。
3. 简述石材饰面板基本构造原理及各自的施工工艺。
4. 简述玻璃饰面板的构造原理及施工工艺。

第6章

顶棚装饰构造与施工工艺

模块概述：

顶棚亦称天花板，是建筑物内部空间的顶界面。顶棚装饰是指建筑物内部空间的顶界面利用其自身的结构特性，根据使用者的需求采用各种附加材料及施工工艺，从色彩、形态及使用功能上有所区别地装饰结构层(见图6-1至图6-6)。

顶棚在室内空间中是占有人们较大视野领域的一个空间界面，其装饰处理不仅对整个室内装饰效果有着相当大的影响，同时还能够改善室内物理环境、满足使用者的不同需求。顶棚一般分为两类：一类是直接式顶棚，另一类是悬吊式顶棚(又叫吊顶式)。

(1) 直接式顶棚是指直接在楼板底面进行喷、涂等抹灰或粘贴其他如石膏板、墙纸、塑料板等装饰材料的一种装饰层。悬吊式(吊顶式)顶棚是指在建筑物结构层下部悬吊由骨架及饰面板组成的装饰构造层。直接式顶棚由于其构造及施工工艺都比较简单，所以，下面主要介绍悬吊式顶棚的基本构造及其施工工艺。

图6-1　发光顶棚

图6-2　中式藻井顶棚

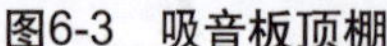

图6-3　吸音板顶棚

图6-4　玻璃顶棚

图6-5　膜结构顶棚

图6-6　穹顶

(2) 悬吊式顶棚的造型是多种多样的，按结构形式分为活动式吊顶、隐蔽式吊顶、金属装饰板吊顶、开敞式吊顶和整体式吊顶；按使用材料分为轻钢龙骨吊顶、铝合金龙骨吊顶、木龙骨吊顶、石膏板吊顶、金属装饰板吊顶、装饰板吊顶和彩光板吊顶。另外，顶棚装饰工程从功能和技术上还要处理好人工照明、空气调节(通风换气)、声学及消防等方面的问题。

06

学习目标

通过本章的学习，要求掌握吊顶顶棚的组成及其作用、吊顶顶棚的构造原理与施工、吊顶顶棚工程质量要求及检验方法。

教学重点

1. 吊顶的组成及其作用。
2. 吊顶的构造原理。
3. 吊顶的施工工艺。
4. 吊顶工程质量要求及检验方法。

技能目标

1. 能绘制各类顶棚的构造组成。
2. 能叙述顶棚的基本施工工艺。
3. 能从不同角度对顶棚进行分类。

建议学时： 4学时

6.1 概　　述

6.1.1 吊顶的组成及其作用

吊顶顶棚主要是由悬挂系统、龙骨架、饰面层及其相配套的连接件和配件组成。吊顶悬挂系统包括吊杆(吊筋)、龙骨吊挂件，通过它们将吊顶的自重及其附加荷载传递给建筑物结构层。吊顶悬挂系统的形式较多，可视吊顶荷载要求及龙骨种类而定。吊顶龙骨架由主龙骨(大龙骨、承载龙骨)、覆面次龙骨(中龙骨)、横撑龙骨相关组合件、固结材料等连接而成。吊顶造型骨架通常有双层龙骨结构和单层龙骨结构两种组合方式。主龙骨是起主干作用的龙骨，是吊顶龙骨体系中主要的受力构件。次龙骨的主要作用是固定饰面板，为龙骨体系中的构造龙骨。吊顶饰面层即是固定与吊顶龙骨架下部的照面板材层。罩面板材品种很多，常用的有胶合板、纸面石膏板、装饰石膏板、金属装饰面板、玻璃及PVC饰面板等。饰面板与龙骨架底部可用钉接或胶黏、搁置、扣挂等方式连接。

6.1.2 顶棚装饰工程分类

顶棚一般分为两类：一类是直接式顶棚，另一类是悬吊式顶棚(又叫吊顶式)。直接式顶棚是指直接在楼板底面进行喷、涂等抹灰或粘贴其他如石膏板、墙纸、塑料板等装饰材料的一种装饰层。悬吊式(吊顶式)顶棚是指在建筑物结构层下部悬吊由骨架及饰面板组成的装饰构造层。悬吊式顶棚的造型是多种多样的，按结构形式分为活动式装配吊顶、隐蔽式装配吊顶、金属装饰板吊顶、开敞式吊顶和整体式吊顶；按使用材料分为轻金属龙骨吊顶、木龙骨吊顶、石膏板吊顶、金属装饰板吊顶、装饰板吊顶和彩光板吊顶。

6.1.3 顶棚装饰工程的基本构造原理

在吊顶施工之前，顶棚上部的电气、报警等线路，空调、消防、供水等管道均应已安装就位并完成调试，自顶棚及墙体处电气开关及插座的有关线路路敷设计就绪，材料和施工机具等已准备完毕(见图6-7、图6-8)。

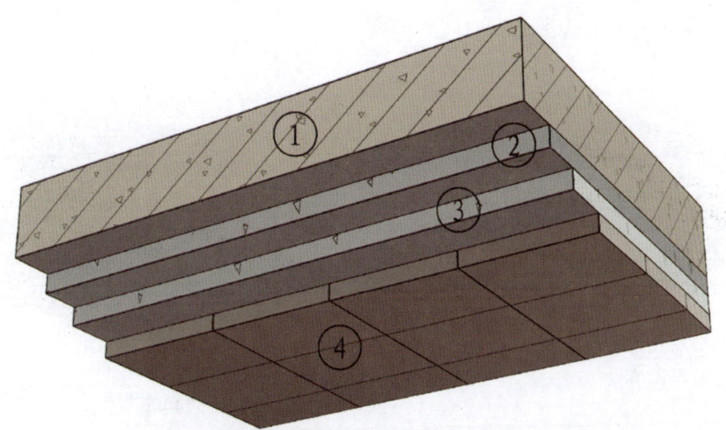

图6-7　顶棚的分层构造图

图6-8　顶棚图

6.2　木龙骨吊顶装饰构造与施工工艺

木龙骨吊顶是指以木龙骨为基本骨架，配合胶合板、纤维板或其他人造板作为罩面板材组合而成的吊顶体系，其加工方便、造型能力强，但不适用于大面积吊顶。吊顶木龙骨架是由木质大、小龙骨拼装而成的吊顶造价骨架。当吊顶为单层龙骨时不设大龙骨，而用小龙骨组成方格骨架，用吊挂杆直接掉在构造层下部。常用大木龙骨断面尺寸有50mm×80mm、60mm×100mm，间距为1000～1500mm。小龙骨断面尺寸为40mm×40mm、50mm×50mm，间距为400～500mm或根据饰面规格尺寸而定。

1．木龙骨吊顶构造原理(见图6-9、图6-10)

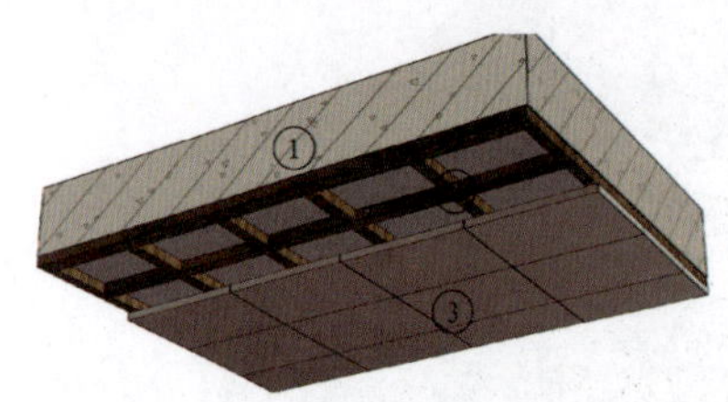

图6-9　直接式木顶棚

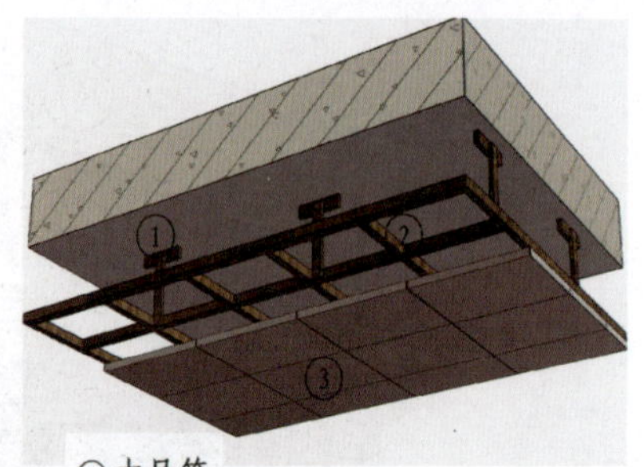

图6-10　悬吊式木龙骨顶棚

2．吊顶木龙骨架安装施工工艺及施工要点

弹线→木龙骨处理→龙骨架拼接→安装吊点紧固件→龙骨架吊装→龙骨架整体调平→面板安装→板缝处理。

1) 弹线

弹线包括弹吊顶标高线、吊顶造型位置线、大中型灯具吊点定位线。

(1) 弹吊顶标高线：根据室内墙上+500mm水平线，用尺量至顶棚的设计标高，在该点画出标高线，沿墙弹出一道墨线，这条线便是吊顶标高，也是吊顶四周的水平线，其偏差不能大于5mm。操作时可用灌满水的透明软管来确定各点标高。

(2) 确定吊顶造型位置线：对于较规则的建筑空间，其吊顶造型位置可先在一个墙面量出墙面竖向距离，以此画出其他墙面的水平线，即吊顶位置的外框线，而后逐步找出局部的造型框架线，对于不规则空间画吊顶造型线，宜采用找点法，根据施工图纸测出造型边缘距墙面的距离，与顶棚和墙面基层进行实测，找出吊顶造型边框的有关基本点，将各点连接，形成吊顶造型线。

(3) 确定吊点定位线：对平顶天花板，其吊顶是每平方米布置1个，在顶棚上均匀排布，对于有叠级造型的吊顶，应注意在交界处布置吊点，吊点间距为0.8～1.2m。较大的灯具应安排单独吊点。

2) 木龙骨处理

(1) 防腐处理：建筑装饰工程中所用木质龙骨材料，应按规定选材并实施在构建上的防潮处理，同时亦应涂刷防虫药剂。

(2) 防火处理：工程构建中的防火处理，一般是将防火涂料涂刷或喷在木材表面，也可以把木材至于防火涂料槽内浸泽，防火涂料据其胶黏性质分为油纸防火涂料(内掺防火剂)与氯乙烯防火涂料、克赛银防火涂料、硅酸盐防火涂料(见图6-11)。

图6-11　木龙骨

3) 龙骨架的分片拼接

为方便安装，木龙骨吊装前多先在地面上分片拼接(见图6-12)。

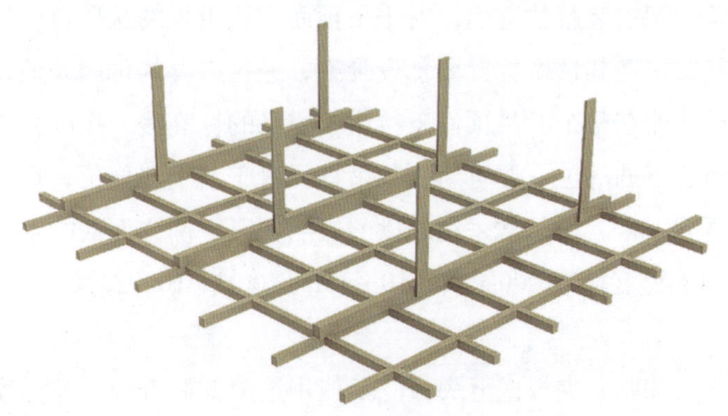

图6-12　龙骨架

(1) 确定吊顶骨架需要分片或可以分片安装的位置和尺寸，根据分片平面大小选区安装龙骨尺寸。

(2) 先拼接组合大片的龙骨骨架，再拼接小片的局部骨架。拼接组合的面积不宜过大，否则不便安装。

4) 安装吊点紧固件及固定边龙骨

(1) 安装吊点紧固件：吊顶吊点的紧固方式很多，如预埋钢筋、钢板等吊杆预埋钢筋，无预埋件时可用射钉或膨胀瞄螺栓将角钢固定于楼板底面作为吊杆的连接件。

(2) 固定沿墙边龙骨：沿吊顶标高线固定边龙骨的方法，在木骨架施工中常见的有两种做法：一种是沿标高线以上10mm处在墙面钻孔，间距0.5～0.8m，在孔内打入木楔，然后将沿墙木龙骨钉固于墙内木楔上；另一种是先在木龙骨上打小孔，再用水泥钉通过小孔将边龙骨钉固于混凝土墙面(此法不宜用于砖砌墙体)。不论用何种方式固定沿墙龙骨，均应保证牢固

可靠，其底面必须与吊顶标高线保持齐平。

5) 龙骨架吊装

(1) 分片吊装：将拼接组合好的木龙骨架托起至吊顶标高位置，先做临时固定。临时固定的方法有两种：一是用高度定位杆做支撑，临时固定高度低于3m的吊顶骨架；二是可用铁丝在吊点上临时固定高度超过3m的吊顶骨架。然后根据吊顶标高线拉出纵横水平基准线，进行整片龙骨架调平，然后即将其靠墙部分与沿墙边龙骨钉接。

(2) 龙骨架与吊点固定：木骨架吊顶的吊杆，常采用的有木吊杆、角钢吊杆和扁铁吊杆。采用木吊杆时，截取的木吊杆料应长于吊点与龙骨架实际间距100mm左右，以便于调整高度。采用角钢做吊杆时，在其端头钻2～3个孔，以便调整高度。与木骨架的连接点可选择骨架的角位，用2枚木螺钉固定。采用扁铁做吊杆时，其端头也应打出2～3个调节孔；扁铁与吊点连接件的连接可用M6螺栓，与木骨架用2枚木螺钉连接固定。吊杆的下部端头最终都应按准确尺寸截平，不得伸出木龙骨架底面。

6) 龙骨架调平

在各分片吊顶龙骨架安装就位之后，对于吊顶面需要设置的送风口、检修孔、内嵌式吸顶灯盘及窗帘盒等装置，在其预留位置要加设骨架，进行必要的加固处理及增设吊杆等。全部按设计要求到位后，即在整个的吊顶面下拉十字交叉的标高线，用以检查吊顶面的整个平整度。对于吊顶架面的下凸部位，要重新拉紧吊杆；对于其上凹部位，可用木杆下顶，尺寸准确后须将杆件的两端固定。吊顶常采用起拱的方法，以平衡饰面板的重力，并减少视觉上的下坠感，一般7～10m跨度按3\1000起拱，10～15m跨度按5\1000起拱。

7) 面板安装

吊顶面板一般选用加厚三夹板或五夹板。如使用过薄的胶合板，在温度和湿度变化下容易产生吊顶面层变形，也可选用其他人造材板，如木丝板，刨花板，纤维板等。

(1) 弹面板装订线：按照吊顶龙骨分割情况，一龙骨中心尺寸线，在挑选好的胶合板面上画出装订线，以保证能将板面准确地固定于木龙骨上。

(2) 板块切割：根据设计要求，如需将板材分格装订，应按画线切割胶合板面。方形板块应该注意找方，保证四角为直角；当设计要求钻孔时，应先做样板，按样板制作。

(3) 修边倒角：在胶合板块的正面四周，用手工细刨或电动刨刨出45°倒角，宽度在2～3mm，对于要求不留缝隙的吊顶板面，此种做法有利于嵌缝泥子使板缝严密并减少变形程度。对于有意留缝的吊顶面板可利用木工修边机，根据图纸要求进行修边处理。

(4) 防火处理：对有防火要求的木龙骨吊顶，其面板在以上要求完成后应进行防火处理，通常做法是在面板上涂三遍防火涂料，晾干备用，对木龙骨表面应做相应的处理。

(5) 面板铺钉：将胶合板正面朝下举起到预定位置，既从板的中心向四周开钉，钉位按画线位置确定，钉距为80～150mm，胶合板应钉平整，四角方正，不应有凹陷和凸起。

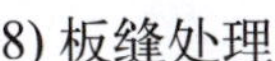

8) 板缝处理

清扫板缝，用刮刀将嵌缝石膏泥子均匀饱满的嵌入板缝，并根据实际，具体要求在板缝外刮一层泥子，随即贴上穿孔纸带，再用泥子刮刀顺穿孔纸带方向压刮，将多余的泥子挤出、并刮平、刮实、不可留有气泡。

9) 饰面

根据设计要求上饰面材料。

6.3　轻金属龙骨吊顶装饰构造与施工工艺

轻金属龙骨吊顶是以轻钢龙骨或铝合金龙骨为基本骨架，轻金属龙骨架断面可分为U形、C形、Y形、L形等，分别作为主龙骨，覆面龙骨、便于配套使用。并配以轻型装饰罩面板材组合而成的新型顶棚体系，常用罩面有纸面石膏板、石棉石膏板、矿棉吸音板、浮雕板和钙塑凹凸板。轻金属龙骨吊顶设置灵活，拆装方便，具有质量轻、强度高、防火等多种优点，广泛应用于公共建筑及商业建筑的吊顶。

1. 轻钢龙骨吊顶构造原理示意图(见图6-13、图6-14)

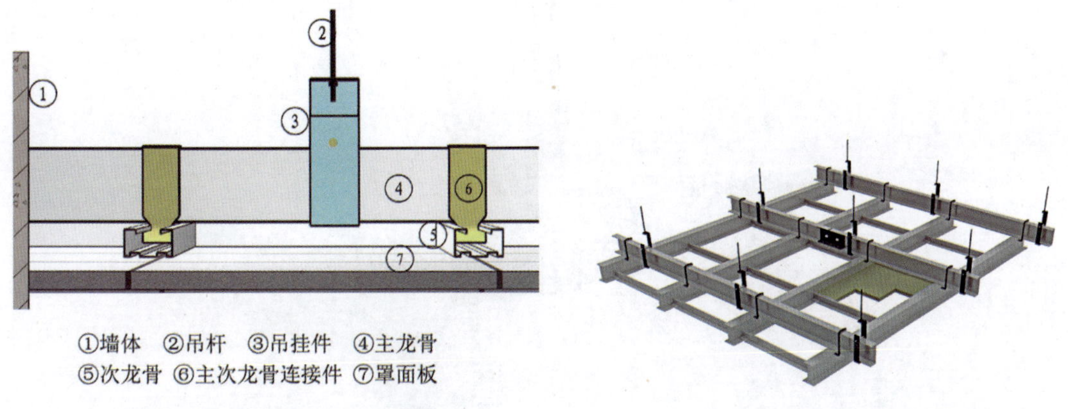

图6-13　轻钢龙骨吊顶构造图　　图6-14　轻钢龙骨三维透视图

轻钢龙骨架为吊顶造型骨架，由大龙骨(主龙骨、承载龙骨)、覆面次龙骨、横撑龙骨及其相应的连接组件组装而成。

2. 轻钢龙骨吊顶施工工艺及施工要点

主要工艺程序：弹线→安装吊顶紧固件→安装主龙骨→安装次龙骨→安装灯具→面板安装→板缝处理。

1) 弹线

弹线包括顶棚标高线、造型位置线、吊挂点位置、大中型灯位线等。确定方法同本章6.2节木龙骨架安装施工工艺及施工要点中的弹线(1)、(2)、(3)。如为双层U形、T形轻钢龙骨架，其吊点小于或等于1200mm，单层吊顶骨架，吊点间距为800～1500mm。

2) 安装吊点紧固件

可根据吊顶是否上人(或者是否承受附加荷载)，分别采用相应的方法进行吊点紧固件的安装。

3) 主龙骨安装与调平

(1) 主龙骨安装：将主龙骨与吊杆通过垂直吊挂件连接。上人吊顶的悬挂：用一个吊环将主龙骨箍住，并拧紧螺丝固定，达到既挂住龙骨又防止龙骨在上人时发生摆动的目的；不上人吊顶的悬挂：用一个专用的挂件卡在主龙骨的槽内。主龙骨的接长一般选用连接件接长，也可焊接，但宜点焊。当遇观众厅、礼堂、餐厅、商场等大面积吊顶时，允许每隔12m在大龙骨上焊接横卧大龙骨一道，以增加大龙骨的侧面稳定性及吊顶的整体性(见图6-15)。

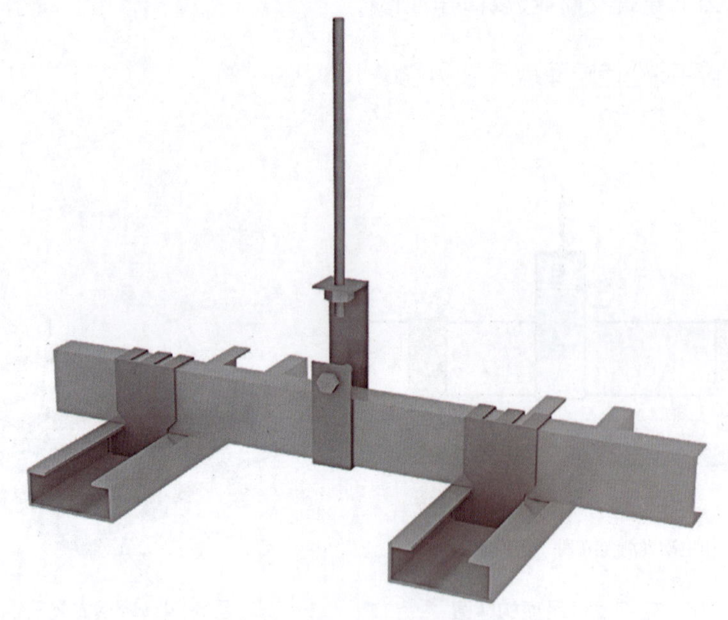

图6-15　主次龙骨的连接

(2) 主龙骨架的调平：在主龙骨与吊件及吊杆安装就位之后，以一个房间为单位进行调平调直。调整方法可用600mm × 600mm方木按主龙骨间距钉圆钉，将主龙骨卡住，临时固定。方木两端要紧钉墙上或梁边，再拉十字和对角水平线，拧动吊杆螺母，升降调平。对于由T形龙骨装配的轻型吊顶，主龙骨基本就位后，可暂不调平，待安装横撑龙骨后再进行调平调正。调平时要注意，主龙骨的中间部分应该有所起拱，起拱高度一般不小于房间短向跨度的

1/200～1/300。

4) 安装次龙骨、横撑龙骨

(1) 安装次龙骨：在次龙骨与主龙骨的交叉布置点，使用其配套的龙骨挂件将二者连接固定。龙骨挂件的下部勾挂主次龙骨上，上端搭在主龙骨上，将其U形或W形腿钳子弯入主龙骨内(见图6-16)。次龙骨的间距由饰面板规格决定。双层U形、T形龙骨骨架中龙骨间距为500～1500mm，如果间距大于800mm，再在中龙骨之间增加小龙骨，小龙骨与中龙骨平行，用小吊挂件与大龙骨连接固定。

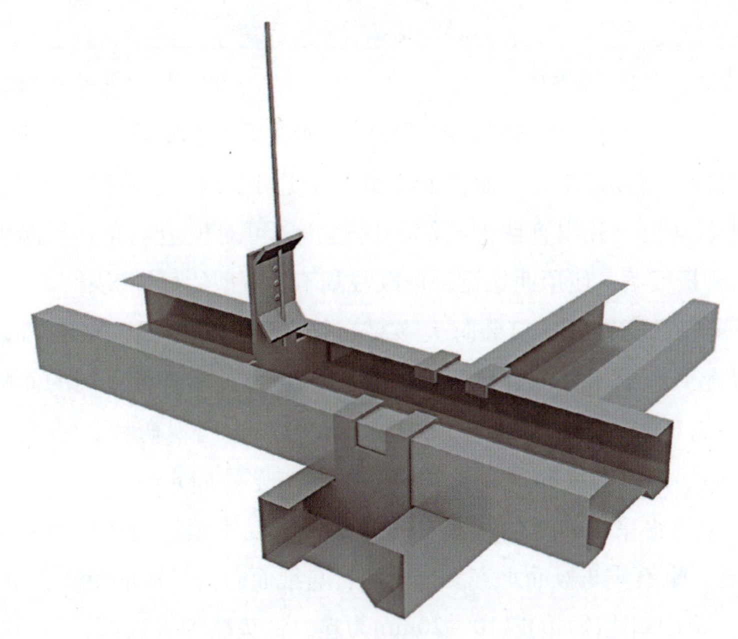

图6-16　次龙骨与横撑龙骨的连接

(2) 安装横撑龙骨：横撑龙骨由中、小龙骨截取，其方向与次龙骨垂直，装在罩面板的拼接处，底面与次龙骨平齐(单层的龙骨骨架吊顶，其横撑龙骨底面与主龙骨平行)。横撑龙骨与次龙骨的连接，采用配套的插件连接。

(3) 固定边龙骨：边龙骨沿墙面或柱面标高线钉牢。固定时常用高强度水泥钉，钉的距离≤500mm为宜，若基层材料强度较低、紧固力小，可以用膨胀螺栓或用较长的钉子固定。边龙骨一般不承重，只起封口作用。

5) 罩面板安装

罩面板安装前应对吊顶龙骨架安装质量进行检验，符合要求后，方可进行罩面安装。

罩面板常有明装、暗装、半隐装三种安装方式。明装是指罩面板直接搁置在T形龙骨两翼上，纵横T形龙骨架均外露。暗装是指罩面板安装后骨架不外露。半隐装是指罩面板安装后骨架部分外露(见图6-17、图6-18)。

图6-17　明装罩面板

图6-18　半隐装罩面板

纸面石膏板是轻钢龙骨吊顶常用的罩面板材，通常采用明安装方法。

(1) 纸面石膏板的现场切割：大面积板料切割可使用板锯，小面积板料切割采用多用刀；用专用工具圆孔石膏板上开出直线形孔洞；用边角刨可对板边倒角；用滚锯可切割出小于120mm的纸面石膏板板条；使用曲线锯，可以裁割不同造型的异性板材。

(2) 纸面石膏板罩面钉装：钉装时大多采用横向铺钉的形式。纸面石膏板在吊顶面的平面排布，应从整张板的一侧向非整张的一侧逐步安装。板与板之间的间隙，宽度一般为6~8mm。纸面石膏板应在自由状态下就位固定，以防止出现弯棱、凸鼓等现象。纸面石膏板的边长(包封边)，应沿纵向次龙骨铺设。板材与龙骨固定时，应从一块板的中间向板的四边循序固定，不得采用多点同时固定的做法。用自攻螺钉铺钉纸面石膏板时，钉距以150～170mm为宜，螺钉应与板面垂直。自攻螺钉与纸面石膏板边的距离：距包封边(边长)以10～15mm为宜；距切割边(短边)以10～20mm为宜。钉头略埋入板面，但不能使板材纸面破损。自攻螺钉进入轻钢龙骨的深度应≥10mm；在装钉操作中如出现有弯曲变形的自攻螺钉时，应予剔除，在相隔50mm的部位另安装自攻螺钉。

纸面石膏板的拼接处，必须是安装在宽度不小于40mm的龙骨上，其短边必须采用错缝安装，错开距离应不小于300mm。一般是以一个覆面龙骨的间距为基数，逐块铺排，余量置于最后。安装双层石膏板时，面层板与基层板的接缝也应错开，上下层板各自接在同一根龙骨上。

在吊顶施工中应注意工种间的配合，避免返工拆装损坏龙骨，板材及吊顶应在全面安装完成后对龙骨及板面做最后调整，以保证平直。

6) 嵌缝处理

(1) 嵌缝材料。

嵌缝时采用石膏泥子和穿孔纸带或网格胶带，嵌填钉孔则用石膏泥子。石膏泥子由嵌缝石膏粉加适量清水(1：0.6)静置5～6分钟后，经人工或机械搅拌而成，调制后放置30分钟再

使用。注意石膏泥子不可过稠，调制时的水温不可低于5℃，若在低温下调制应使用温水。调制后不可再用石膏粉，避免泥子中出现结块和渣球，穿孔纸带是打有小孔的牛皮纸带，纸带上的小孔在嵌缝时可保证挤出石膏泥子的多余部分，纸带宽度为50mm，使用时应先将其置于清水中浸湿，这样有利于纸带与石膏泥子的黏合。也可采用玻璃纤维网格胶带，它有着较牛皮纸带更强的拉结能力和更理想的嵌缝效果，故在一些重要部位可用它取代穿孔牛皮纸带，以降低板缝开裂的可能性，玻璃纤维网格胶带的宽度一般为50mm。

(2) 嵌缝施工。

整个吊顶面的纸面石膏铺钉完成后，应进行检查，并将所有的自攻螺钉的钉头做防锈处理，然后用石膏泥子嵌平。之后在做板缝的嵌填处理，其程序如下。

清扫板缝：用小刮刀将嵌缝石膏泥子均匀饱满地嵌入板缝，并在板缝外刮涂约60mm宽、1mm厚的泥子，随即贴上穿孔纸带(或玻璃纤维网格胶带)，使用宽约60mm的泥子刮刀顺穿孔纸带(或玻璃纤维网格纸带)方向压刮，将多余的泥子挤出，并刮平、刮实，不可留有气泡。

用宽约150mm的刮刀将石膏泥子填满宽约150mm板缝处带状部分。

用宽约300mm的刮刀再补一遍石膏泥子，其厚度不得超出2mm。

待泥子完全干燥后(约12小时)，用2号纱布或砂纸将嵌缝石膏泥子打磨平滑，其中间可部分略微凸起，但要向两边平滑过渡。

7) 吊顶特殊部位的构造处理

吊顶边部节点构造：纸面石膏板轻钢龙骨吊顶边部与墙柱立面结合部位的处理，一般采用平接式、留槽式和间隙式三种形式。边部节点构造如图6-19、图6-20、图6-21所示。

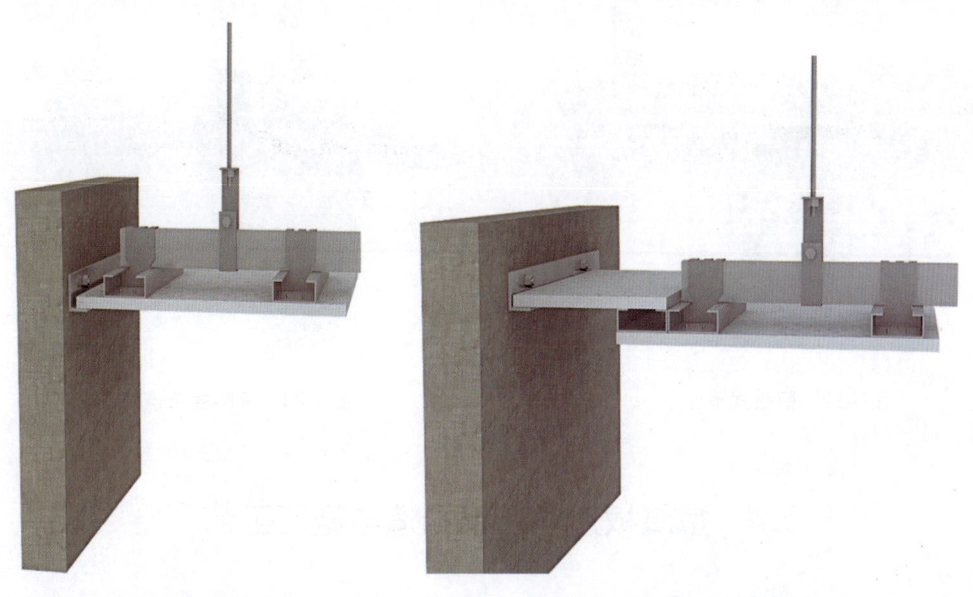

图6-19 平接式　　**图6-20 留槽式**

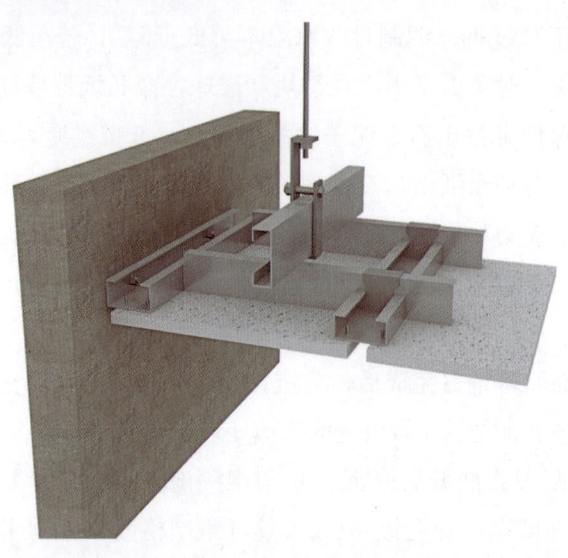

图6-21　间隙式

8) 吊顶与隔墙的连接

轻钢龙骨纸面石膏板吊顶与轻钢龙骨纸面石膏板轻质隔墙相连接时隔墙的横龙骨(沿顶龙骨)与吊顶的承载龙骨用M6螺栓紧固，吊顶的覆面龙骨依靠龙骨挂件与承载龙骨连接，覆面龙骨的纵横连接则依靠龙骨支托。吊顶与隔墙面层的纸面石膏板相交的阴角处，固定金属护角，使吊顶与隔墙有机地结合成一个整体。其节点构造如图6-22、图6-23所示。

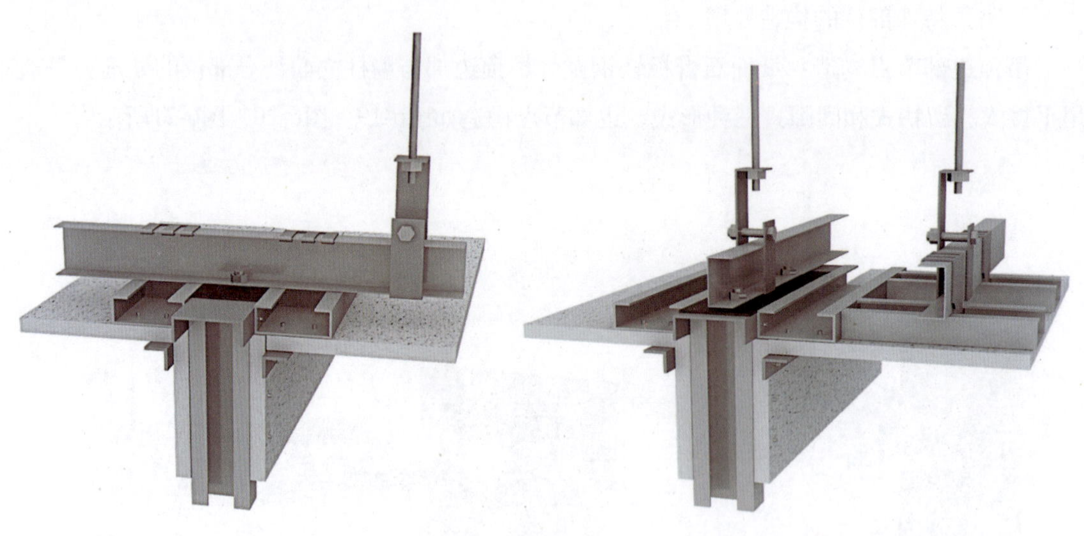

图6-22　留槽式节点

图6-23　间隙式节点

6.4　金属板顶棚装饰构造与施工工艺

金属装饰板吊顶是用L形、T形轻钢(或铝合金)龙骨或金属嵌龙骨、条板卡式龙骨做龙骨

架，用0.5～1.0mm厚的金属板材罩面的吊顶体系。金属装饰板吊顶的形式有方形板吊顶和条形板吊顶两大类。金属装饰板吊顶表面光泽美观，防火性好，安装简单，适用于大厅、楼道、会议室、卫生间和厨房吊顶。

金属装饰板吊顶骨架的装配形式，一般根据吊顶荷载和吊顶装饰板的种类来确定。龙骨架一般采用U形轻钢龙骨，即主龙骨与T形、L形龙骨或嵌龙骨、条板卡式龙骨相配合的双层龙骨形式或采用单层龙骨架形式(见图6-24)。

图6-24　金属板顶棚

1．金属条形板顶棚装饰构造原理(见图6-25)

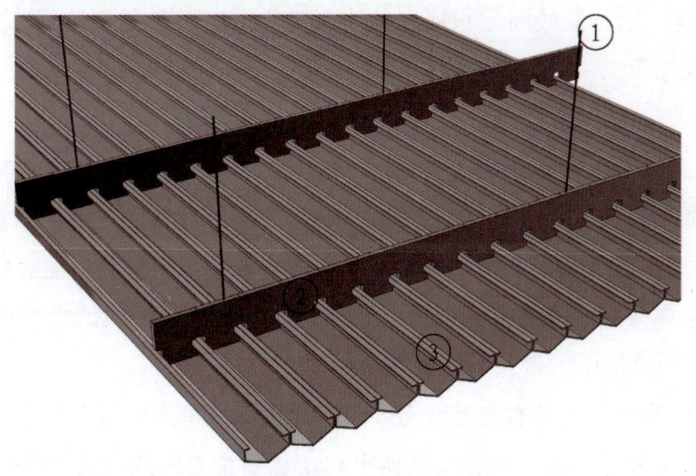

图6-25　金属条形板顶棚装饰构造原理图

2．金属板吊顶安装施工工艺及施工要点

主要工艺程序：弹线→固定吊杆→安装主龙骨→安装次龙骨→面板安装→压条安装→板

06

缝处理。

1) 弹线

(1) 将设计标高线弹至四周墙面或柱面上，吊顶如有不同标高，则应将其截面的位置在楼板上弹出。

(2) 将龙骨及吊点位置弹在楼板上。主龙骨间距和吊杆间距一般控制在1000～1200mm以内，沿墙四周龙骨距墙≤250mm。需要注意的是，覆面次龙骨分格时应将标准尺寸置于吊顶中部，对于难以避免的不标准尺寸，可置于顶棚不明显的次要部位。纵横龙骨中心线的间距尺寸，一般需略大于饰面板尺寸2mm左右。

2) 固定吊杆

(1) 双层龙骨吊顶时，吊杆常用圆6或圆8钢筋，吊杆与结构连接方式。

(2) 方板、条板单层龙骨吊顶时，吊杆一般分别用8号铅丝和圆4钢筋。在主龙骨的端部或接长处，应加设吊杆或悬挂铅丝，端部吊杆距离200～350mm。

3) 龙骨安装与调平

(1) 主、次龙骨安装时宜从同一方向同时安装，按主龙骨(大龙骨)已确定的位置及标高线，先将其大致基本就位。次龙骨(中、小龙骨)与主龙骨应紧贴安装就位。龙骨接长一般选用配套连接件，连接件可用镀锌钢板，在其表面冲成倒刺，与龙骨方孔相连。

(2) 龙骨架基本就位后，以纵横两个方向满拉控制标高线(十字线)，从一端开始边安装边进行调整，直至龙骨调平直为止。如面积较大，在中部应适当起拱，起拱高度应不少于房间短向跨度的1/200～1/300。

(3) 钉固边龙骨：沿标高线固定角铝边龙骨，其地面与标高线齐平。一般可用水泥钉直接将角铝钉在墙面或柱面上，或用膨胀螺栓等方法固定，钉距宜≤500mm。

4) 金属板安装

(1) 方板搁置式安装：吊顶覆面龙骨采用T形轻钢龙骨，金属方形板的四边带翼，将其搁置于T形龙骨下部的翼板之上即可。搁置安装后的吊顶面形成格子式离缝效果。

(2) 方板卡入式安装：这种安装方式的龙骨材料为带夹簧的嵌龙骨配套型，方便方形金属吊顶板的卡入。金属方形板的卷边上，形成缺口式的盒子形，一般的方板边部在加工时轧出凸起的卡口，可以精确地卡入带夹簧的嵌龙骨中。

(3) 金属条形板的安装，基本上无须连接件，只是直接将条形板卡扣在特制的条龙骨内即可完成安装，故常被称为扣板。龙骨安装调平后，从一个方向依次安装条形金属吊顶板，如果龙骨本身兼卡具，将条板托起后，先将其一端压入条龙骨的卡脚，再顺势将另一端压入卡脚内，因这种条板较薄并具有弹性，压入后迅即扩张，所以能够用推压的安装方式使其与配套条龙骨卡接。

5) 板缝处理

金属条形板顶棚有闭缝和透缝两种形式，均属于敞缝式金属板条。安装其配套嵌条达到封闭缝隙的效果，不安装嵌条即为透缝式。

6.5　开敞式顶棚装饰构造与施工工艺

开敞式吊顶是将具有特定形状的单元体或单元组合体(有饰面板或无饰面板)悬吊与结构层下面的一种吊顶形式。这种顶棚饰面既遮又透，使空间显得生动活泼，艺术效果独特。开敞式吊顶的单元体常用木质、塑料、金属等材料制作，形式有方形框格、棱形框格、叶片状、搁栅式等(见图6-26、图6-27、图6-28)。

图6-26　开敞式吊顶

(a)

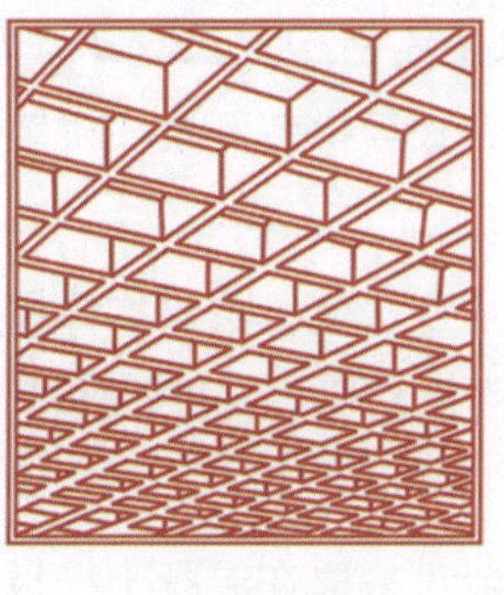

(b)

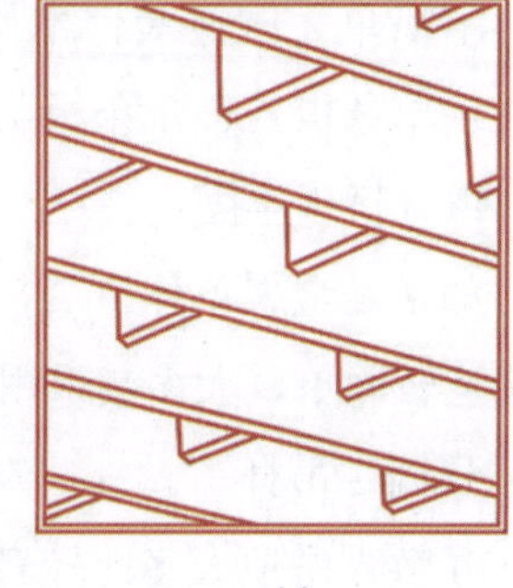

(c)

图6-27　棱形框格

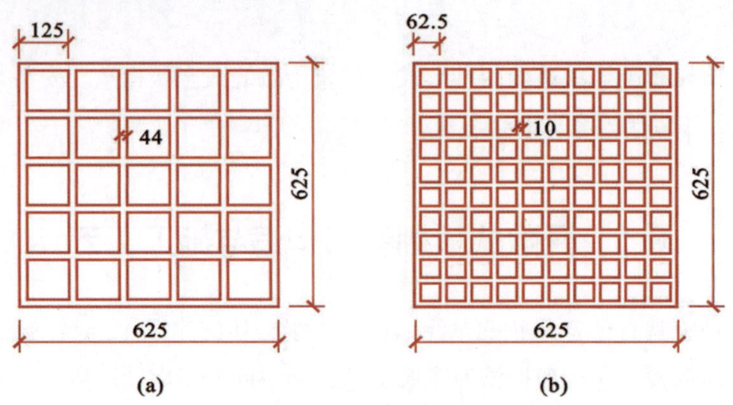

图6-28　方形框格

1. 开敞式顶棚的装饰构造原理

开敞式顶棚的装饰构造一般常用已加工成的木装饰单体、铝合金装饰单体之后再进行组装。

2. 开敞式顶棚的施工工艺及施工要点

主要工艺程序：结构面处理→放线→拼装单元体→固定吊杆→吊装单元体→整体调整→饰面处理。

1) 结构面处理

由于吊杆开敞，可见到吊杆基层结构，通常对吊顶以上部分的结构表面进行涂黑或按设计要求进行涂饰处理。

2) 放线

放线包括标高线，吊挂点布置线、分片布置线。弹标高线、吊挂点布置线的方法同前。分片布置线是根据吊顶的结构形式和分片的大小所弹的线，吊挂点的位置需要根据分片布置线来确定，以使吊顶的各分片材料受力均匀。

3) 地面拼装单元体

木质单元体拼装：木质单体及多体结构形式较多，常见的有单板方框式、骨架单板方框式、单条板式、单条板与方板组合式等拼装形式，拼装时每个单体要求尺寸一致，角度准确，组合拼接牢固。

如果是金属单体拼装，包括格片型金属板单体构件拼装和格栅型金属板单体拼装。它们的构造较简单，大多数采用配套的格片龙骨与连接件直接卡接。

4) 固定吊杆

开敞式吊顶大多比较轻松，一般可采取在混凝土楼板底或梁底设置吊点，用冲击钻打孔固定膨胀螺栓，将吊杆焊于膨胀螺栓上或用18号铅丝绑扎;也可采用带孔射钉做吊点紧固件，

需注意单个射钉的承载不得超过50kg/m²。

5) 吊装施工

开敞式吊顶的吊装有直接固定法和间接固定法。

(1) 直接固定法：单体或组合体构件本身有一定刚度时，可将构件直接用吊杆吊挂在结构上。

(2) 间接固定法：对于本身刚度不够，直接吊挂容易变形的构件，或吊点太多，费工费时，可将单体构件固定在骨架上，再用吊杆将骨架挂于结构上。吊装操作时从一个墙角开始，分片起吊，高度略高于标高线并临时分片固定，在按标高基准线分片调平，最后将各分片连接处对齐，用连接件固定。

6) 整体调整

沿标高线拉出多条平行或垂直的基准线，根据基准线进行吊顶面的整体调整，注意检查吊顶的起拱量是否正确，修正单体构件因固定安装而产生的变形，检查各连接部位的固定件是否可靠，对一些受力集中的部位进行加固。

7) 整体饰面处理

在上述结构工序完成后，就可进行整体饰面处理。铝合金搁栅式单体构件加工时表面已做阳极氧化膜或漆膜处理。木质吊顶饰面方式主要有油漆、贴壁纸、喷涂喷塑、镶贴不锈钢和玻璃镜面等工艺。喷涂饰面和贴壁纸饰面，可以与墙体饰面施工一并进行，也可以视情况在地面先进行饰面处理，然后再行吊装。

复习题

1. 简述吊顶的组成及其作用。
2. 简述各类吊顶的构造原理。
3. 简述各类吊顶的施工工艺。

第7章

裱糊与软包装饰工程构造与施工工艺

模块概述：

裱糊工程是指在室内平整光洁的墙面、顶棚面、柱体面和室内其他构件表面，用壁纸、墙布等材料裱糊的装饰工程。软包装饰工程是指在室内墙表面用柔性材料加以包装的一种墙面装饰方法，它所使用的材料质地柔软、色彩柔和，能够柔化整体空间氛围，其纵深的立体感亦能提升空间档次，以前软包大多运用于高档宾馆、会所、KTV等地方，在家居中并不多见，而现在一些高档小区的商品房、别墅和排屋等在装修的时候，也会大面积使用。裱糊工程与软包装饰工程除具有美化空间的作用外，更重要是的它具有阻燃、吸音、隔音、防潮、防霉、抗菌、防水、防油、防尘、防污、防静电、防撞等功能，是现代装饰工程中应用较为广泛的装饰手法。

学习目标

通过对本章的学习，要求熟悉裱糊与软包材料的各种性能，熟悉裱糊与软包装饰工程的基本使用和装饰功能要求，掌握裱糊与软包装饰工程的基本构造原理及其一般施工工艺。

1. 裱糊装饰工程构造与施工工艺。
2. 软包装饰工程构造与施工工艺。

1. 能够识读裱糊与软包装饰工程构造大样图和施工图纸。
2. 能够绘制裱糊与软包装饰工程构造大样图和施工图纸。
3. 能够运用所学知识分析和处理裱糊与软包装饰构造工程中的问题。
4. 能够根据不同需求运用合适的裱糊与软包装饰工程。

建议学时： 4学时

7.1 概　　述

裱糊饰面工程，又称“裱糊工程”，是指在平整光洁的建筑物及其他构件表面，用壁纸、墙布等软质卷材粘贴于室内墙、柱、顶及装饰造型构件表面的装饰工程。它能够美化建筑物内部空间环境，满足使用的要求，并对建筑物内部墙体、柱、顶棚等起一定的保护作用。

软包装饰工程是指在室内墙表面用柔性材料，采用一定制作方法，将其包裹起来并贴在墙上的一种墙面装饰做法。家庭装修中常用在床头、客厅电视背景等地方，能够极大地提升家居品位，显示高品质的生活态度。软包装饰能够给室内空间带来极强的装饰效果，并能对室内建筑结构起到保护作用(见图7-1～图7-4)。

图7-1　锦缎壁纸软包装饰

图7-2　金属壁纸裱糊装饰

图7-3　墙面硬包装饰

图7-4　墙面软包装饰

7.1.1 裱糊与软包装饰工程的基本使用和装饰功能要求

1. 能够满足使用功能要求

通过裱糊或软包，能够满足阻燃、吸音、隔音、防潮、防霉、抗菌、防水、防油、防尘、防污、防静电、防撞等方面的要求。

2. 能够满足装饰美观的要求

通过裱糊或软包，建筑物或构筑物的表面能够呈现各种装饰效果，所用材料质地柔软、色彩柔和，能够柔化整体空间氛围，其纵深的立体感亦能提升空间档次。

7.1.2 裱糊与软包装饰工程的基本构造组成

1. 裱糊装饰工程的基本构造可分为底层和面层两部分

裱糊墙面的底层要求平整度高，有一定的强度。裱糊墙面的面层必须平整，接缝对齐，无气泡、错缝等现象。

2. 软包墙面的构造基本上可以分为底层、吸声层和面层三大部分

不论哪一个部分，均必须采用防火材料。

1) 底层

软包墙面的底层要求平整度好，有一定的强度和刚度，多用阻燃性胶合板。因胶合板质轻，易于加工，成形随意，施工方便。

2) 吸声层

软包墙面的吸声层，必须采用质轻、不易燃、多孔材料，如玻璃棉、超细玻璃棉、自熄型泡沫塑料等。

3) 面层

软包墙面的面层，必须采用阻燃型高档豪华软包面料，如各种人造革和装饰布等。

7.2 裱糊装饰工程构造与施工工艺

7.2.1 裱糊装饰工程

1. 裱糊装饰工程一般构造原理

裱糊装饰工程一般构造原理(见图7-5)。

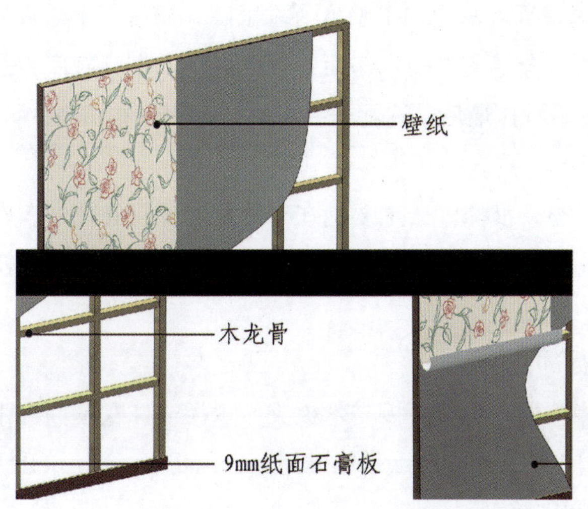

图7-5　壁纸墙面分层构造

2. 裱糊装饰工程的施工工艺及要点

基层处理→吊直、套方、找规矩、弹线→裁纸→刷胶→裱贴→养护。

1) 基层处理

根据基层不同材质，采用不同的处理方法。

(1) 混凝土及抹灰基层处理。

裱糊壁纸的基层是基层混凝土面、抹灰面(如水泥砂浆、水泥混合砂浆、石灰砂浆等)，要满刮泥子一遍打磨砂纸。但有的混凝土面、抹灰面有气孔、麻点、凸凹不平时，为了保证质量，应增加刮泥子和磨砂纸遍数。

在为壁纸墙面分层构造刮泥子时，应将混凝土或抹灰面清扫干净，使用胶皮刮板满刮一遍。刮时要有规律，要一板排一板，两板中间顺一板。既要刮严，又不能有明显接搓和凸痕。做到凸处薄刮，凹处厚刮，大面积找平。待泥子干固后，打磨砂纸并扫净。需要增加满刮泥子遍数的基层表面，应先将表面裂缝及凹面部分刮平，然后打磨砂纸、扫净，再满刮一遍后打磨砂纸，处理好的底层应该平整光滑，阴阳角线通畅、顺直，无裂痕、崩角，无砂眼、麻点。

(2) 木质基层处理。

木质基层要求接缝不显接槎，接缝、钉眼应用泥子补平并满刮油性泥子一遍(第一遍)，用砂纸磨平。木夹板的不平整主要是钉接造成的，在钉接处木板夹往往下凹，非钉接处向外凸。所以第一遍满刮泥子主要是找平大面。第二遍可用石膏泥子找平，泥子的厚度应减薄，可在该泥子五六成干时，用塑料刮板有规律地压光，最后用干净的抹布轻轻将表面灰粒擦净。

对要贴金属壁纸的木基面处理，第二遍泥子时应采用石膏粉调配猪血料的泥子，其配比

为10∶3(重量比)。金属壁纸对基面的平整度要求很高，稍有不平处或粉尘，都会在金属壁纸裱贴后明显地看出。所以金属壁纸的木基面处理，应与木家具打底方法基本相同，批抹泥子的遍数要求在三遍以上。批抹最后一遍泥子并打平后，用软布擦净。

(3) 石膏板基层处理。

纸面石膏板比较平整，批抹泥子主要是在对缝处和螺钉孔位处。对缝批抹泥子后，还需用绵纸带贴缝，以防止对缝处的开裂。在纸面石膏板上，应用泥子满刮一遍，找平大面，在第二遍泥子进行修整。

(4) 不同基层对接处的处理。

不同基层材料的相接处，如石膏板与木板夹、水泥或抹灰基面与木板夹、水泥基面与石膏板之间的对缝，应用绵纸带或穿孔纸带粘贴封口，以防止裱糊后的壁纸面层被拉裂撕开。

(5) 涂刷防潮底漆和底胶。

为了防止壁纸受潮脱胶，一般对要裱糊塑料壁纸、壁布、纸基塑料壁纸、金属壁纸的墙面，涂刷防潮底漆。防潮底漆用酚醛清漆与汽油来调配，其配比为清漆∶汽油(或松节油)=1∶3。该底漆可涂刷，也可喷刷，漆液不宜厚，且要均匀一致。

涂刷底胶是为了增加黏结力，防止处理好的基层受潮弄污。底胶一般用108胶配少许甲醛纤维素加水调成，其配比为108胶∶水∶甲醛纤维素＝10∶10∶0.2。底胶可涂刷，也可喷刷。在涂刷防潮底漆和底胶时，室内应无灰尘，且防止灰尘和杂物混入该底漆或底胶中。底胶一般是一遍成活，但不能漏刷、漏喷。若面层贴波音软片，基层处理最后要做到硬、干、光。通常要在做完基层处理后，还需增加打磨和刷两遍清漆。

2) 吊直、套方、找规矩、弹线

(1) 顶棚：首先应将顶子的对称中心线通过吊直、套方、找规矩的办法弹出中心线，以便从中间向两边对称控制。墙顶交接处的处理原则是：凡有挂镜线的按挂镜线弹线，没有挂镜线的则按设计要求弹线。

(2) 墙面：首先应将房间四角的阴阳角通过吊垂直、套方、找规矩，并确定从哪个阴角开始按照壁纸的尺寸进行分块弹线控制(习惯做法是进门左阴角处开始铺贴第一张)，有挂镜线的按挂镜线弹线，没有挂镜线的按设计要求弹线控制。

(3) 具体操作方法如下：按壁纸的标准宽度找规矩，每个墙面的第一条纸都要弹线找垂直，第一条线距墙阴角约15cm处，作为裱糊时的准线。在第一条壁纸位置的墙顶处敲进一枚墙钉，将有粉锤线系上，铅锤下吊到踢脚上缘处，锤线静止不动后，一手紧握锤头，按锤线的位置用铅笔在墙面划一短线，再松开铅锤头查看垂线是否与铅笔短线重合。如果重合，就用一只手将垂线按在铅笔短线上，另一只手把垂线往外拉，放手后使其弹回，便可得到墙面的基准垂线。弹出的基准垂线越细越好。每个墙面的第一条垂线，应该定在距墙角距离约15cm处。

墙面上有门窗口的应增加门窗两边的垂直线。

3) 计算用料、裁纸

按基层实际尺寸进行测量计算所需用量，并在每边增加2～3cm作为裁纸量。裁剪在工作台上进行。对有图案的材料，无论顶棚还是墙面均应从粘贴的第一张开始对花，墙面从上部开始。边裁边编顺序号，以便按顺序粘贴。对于对花墙纸，为减少浪费，应事先计算如一间房需要5卷纸，则将5卷纸同时展开裁剪，可大大减少壁纸的浪费(见图7-6)。

图7-6　裁纸

4) 刷胶

由于现在的壁纸一般质量较好，所以不必进行润水，在进行施工前将2～3块壁纸进行刷胶，使壁纸起到湿润、软化的作用，塑料纸基背面和墙面都应涂刷胶粘剂，刷胶应厚薄均匀，从刷胶到最后上墙的时间一般控制在5～7分钟。刷胶时，基层表面刷胶的宽度要比壁纸宽约3cm，刷胶要全面、均匀、不裹边、不起堆，以防溢出，弄脏壁纸。但也不能刷得过少，甚至刷不到位，以免壁纸黏结不牢。一般抹灰墙面用胶量为0.15kg / m^2左右，纸面为0.12kg/m^2左右。壁纸背面刷胶时，应是胶面与胶面反复对叠，以避免胶干得太快，也便于上墙，这样裱糊的墙面整洁平整。金属壁纸的胶液应是专用的壁纸粉胶。刷胶时，准备一卷未开封的发泡壁纸或长度大于壁纸宽的圆筒，一边在裁剪好的金属壁纸背面刷胶，一边将刷过胶的部分向上卷在发泡壁纸卷上(见图7-7、图7-8)。

5) 裱贴

(1) 吊顶裱贴。

在吊顶面上裱贴壁纸，第一段通常要贴近主窗，与墙壁平行。长度过短时(小于2m)，则可跟窗户成直角贴。在裱贴第一段前，须先弹出一条直线。其方法为：在距吊顶面两端的主

窗墙角10mm处用铅笔做两个记号，在其中的一个记号处敲一枚钉子，按照前述方法在吊顶上弹出一道与主窗墙面平行的粉线。

图7-7 刷胶

图7-8 对折

按上述方法裁纸、浸水(见图7-9)、刷胶后，将整条壁纸反复折叠。然后用一卷未开封的壁纸卷或长刷撑起折叠好的一段壁纸，并将边缘靠齐弹线，用排笔敷平一段，再展开下摺的端头部分，并将边缘靠齐弹线，用排笔敷平一段，再展开弹线敷平，直到整截贴好为止。剪齐两端多余的部分，如有必要，应沿着墙顶线和墙角修剪整齐。

(2) 墙面裱贴。

裱贴壁纸时，首先要垂直，后对花纹拼缝，再用刮板用力抹压平整。原则是先垂直面后水平面，先细部后大面。贴垂直面时先上后下，贴水平面时先高后低。

裱贴时剪刀和长刷可放在围裙袋中或手边。先将上过胶的壁纸下半截向上折一半，握住顶端的两角，在四脚梯或凳上站稳后。展开上半截，凑近墙壁，使边缘靠着垂线成一直线，轻轻压平，由中间向外用刷子将上半截敷平，在壁纸顶端做出记号，然后用剪刀修齐或用壁纸刀将多余的壁纸割去。再按上法同样处理下半截，修齐踢脚板与墙壁间的角落。用海绵擦掉沾在踢脚板上的胶糊。壁纸贴平后，3～5小时内，在其微干状态时，用小滚轮(中间微起拱)均匀用力滚压接缝处，这样做比传统的有机玻璃片抹刮能有效地减少对壁纸的损坏。裱贴壁纸时，注意在阳角处不能拼缝，阴角边壁纸搭缝时，应先裱糊压在里面的转角壁纸，再粘贴非转角的正常壁纸。搭接面应根据阴角垂直度而定，搭接宽度一般不小于2～3cm并且要保持垂直无毛边。

裱糊前，应尽可能卸下墙上电灯等开关，首先要切断电源，用火柴棒或细木棒插入螺丝孔内，以便在裱糊时识别，以及在裱糊后切割留位。不易拆下的配件，不能在壁纸上剪口再裱上去。操作时，将壁纸轻轻糊于电灯开关上面，并找到中心点，从中心开始切割十字，一直切到墙体边。然后用手按出开关体的轮廓位置，慢慢拉起多余的壁纸，剪去不需的部分，再用橡胶刮子刮平，并擦去刮出的胶液(见图7-10)。

图7-9　浸水

图7-10　刮胶液

除了常规的直式裱贴外，还有斜式裱贴，若设计要求斜式裱贴，则在裱贴前的找规矩中增加找斜贴基准线这一工序。具体做法是：先在一面墙两个墙角间的中心墙顶处标明一点，由这点往下在墙上弹上一条垂直的粉笔灰线。从这条线的底部，沿着墙底，测出与墙高相等的距离。由这一点再和墙顶中心点连接，弹出另一条粉笔灰线。这条线就是一条确实的斜线。斜式裱贴壁纸比较浪费材料。在估计数量时，应预先考虑到这一点。

当墙面的墙纸完成40m左右或自裱贴施工开始40～60分钟后，需安排一人用滚轮，从第一张墙纸开始滚压或抹压，直至将已完成的墙纸面滚压一遍。工序的原理和作用是，因墙纸胶液的特性为开始润滑性好，易于墙纸的对缝裱贴，当胶内水分被墙体和墙纸逐步吸收后但还没干时，胶性逐渐增大，时间均为40～60分钟，这时的胶液黏性最大，对墙纸面进行滚压，可使墙纸与基面更好贴合，使对缝处的缝口更加密合(见图7-11)。

图7-11　滚压

7.2.2 壁纸的裱糊方法

1．PVC壁纸裱糊

1) 施工工艺

PVC壁纸裱糊施工工艺流程为：基层处理→封闭底涂一道→弹线→预拼→裁纸编号→润纸→刷胶→上墙裱糊→修整表面→养护。

(1) 裱糊壁纸的基层处理。

裱糊壁纸的基层，要求坚实牢固，表面平整光洁，不疏松起皮、掉粉、无砂粒、孔洞、麻点和飞刺，污垢和尘土应消除干净，表面颜色要一致。裱糊前应先在基层刮泥子并磨平。裱糊壁纸的基层表面为了达到平整光滑、颜色一致的要求，应视基层的实际情况，采取局部刮泥子、满刮一遍泥子或满刮两遍泥子处理，每遍干透后用0～2号砂纸磨平。以羧甲基纤维素为主要胶结料的泥子不宜使用，因为纤维素大白泥子强度太低、遇湿易胀。

不同的基体材料的相接处，如石膏板和木基层相接处，应用穿孔纸带黏糊，以防止裱糊后的壁纸面层被撕裂或拉开，处理好的基层表面要喷或刷一遍汁浆。一般抹面基层可配制801胶：水=1：1喷刷，石膏板、木基层等可配置酚醛清漆：汽油=1：3喷刷，汁浆喷刷不宜过厚，要均匀一致。

(2) 封闭底涂。

泥子干透后，刷乳胶漆一道。若有泛碱部位，应用9%的稀醋酸中和。

(3) 弹线。

按PVC壁纸的标准宽度找规矩，弹出水平及垂直准线。为了使壁纸花纹对称，应在窗户上弹好中线，再向两侧分弹。如果窗户不在中间，为了保证窗间墙的阳角花饰对称，应弹窗间墙中线，由中心线向两侧在分格弹线。

(4) 预拼、裁纸、编号。

根据设计要求按照图案花色进行预拼，然后裁纸，裁纸的长度应比实际尺寸长20～30mm。裁纸下刀前，要认真复核尺寸有无出入，尺子压紧壁纸后不得再移动，刀刃贴近尺边，一气呵成，中间不得停顿或变换持刀角度，手劲要均匀。

(5) 润纸。

壁纸上墙前，应先在壁纸背面刷清水一遍，立即刷胶，或将壁纸浸入水中3～5分钟后，取出将水擦净，静置约15分钟后，再进行刷胶。因为PVC壁纸遇水或胶水，即开始自由膨胀，干后自行收缩。其幅宽方向的膨胀率为0.5%～1.2%，收缩率为0.2%～0.8%(体积分数)。如在干纸上刷胶后立即上墙裱糊，纸虽被胶固定，但继续吸湿膨胀，因此墙面上的纸必然出现大量气泡、褶皱，不能成活。润纸后再贴到基层上，壁纸随着水分的蒸发而收缩、绷紧。这样，即使裱糊时有少量气泡，干后也会自行胀平。

(6) 刷胶。

塑料壁纸背面和基层表面都要涂刷胶黏剂。为了能有足够的操作时间，纸背面和基层表面要同时刷胶。胶黏剂要集中调制，应除去胶中的疙瘩和杂物。调制后，应当日用完。刷胶时，基层表面涂刷胶黏剂的宽度要比上墙壁纸宽约30mm，涂刷要薄而均匀，不裹边，不宜过厚，一般抹灰面用胶量为0.15kg/m²左右，气温较高时用量相对增加。塑料壁纸背面刷胶的方法是：壁纸背面刷胶后，胶面与胶面反复对叠，可避免胶干得太快，也便于上墙，这样裱糊的墙面整洁、平整。

(7) 裱糊。

裱糊时，应从垂直线起至阴角处收口，由上而下进行。上端部留余量，包角压实。上墙的壁纸要注意纸幅垂直，先拼缝、对花形，拼缝到底压实后再刮平大面。一般无花纹的壁纸，纸幅间可拼缝重叠20mm，并用直钢尺在接缝上从上而下用活动剪纸刀切断。切割时要避免重割，有花纹的壁纸，则采取两幅壁纸花纹重叠，对好花，用钢尺在重叠处拍实，从上往下切。切割去余纸后，对准纸缝粘贴，阳角不得留缝，不足一幅的应裱糊在较暗或不明显的地方。基层阴角若遇不垂直现象，可做搭缝，搭缝宽度为5～10mm，要压实，并不留空隙。

裱糊拼缝对齐后，用薄钢片刮板或胶皮刮板由上而下抹刮(较厚的壁纸必须用胶辊滚压)，再由拼缝开始按向外向下的顺序刮平压实，多余的黏结剂挤出纸边，及时用湿毛巾抹去，以整洁为准，并要使壁纸与顶棚的角线交接处平直美观，斜视时无胶痕，表面颜色一致。

为了防止使用时碰蹭，使壁纸开胶，严禁在阳角处甩缝，壁纸要裹过阳角不小于20mm。阳角壁纸搭缝时，应先裱糊压在里面的壁纸，再粘贴面层壁纸，搭接面应根据阴角垂直度而定，搭接宽度一般不小于2～3mm，并且要保持垂直无毛边。

遇有墙面上卸不下来的设备或附件，裱糊时可在壁纸上剪口裱上去。其方法是将壁纸轻轻糊于突出的物体上，然后用笔轻轻标出物体的轮廓位置，慢慢拉起多余的壁纸，剪去不需要的部分，四周不得有缝隙。壁纸与挂镜线、贴脸和踢脚板接合处，也应紧接，不得有缝隙，以使接缝严密美观。

顶棚裱糊壁纸，先裱糊靠近主窗处，方向与墙平行。长度过短时，则可与窗户成直角粘贴。裱糊前，先在顶棚与墙壁交接处弹上一道粉线，将已刷好胶的壁纸用木柄撑起折叠好的一段，边缘靠齐粉线，先铺平一段，然后再沿粉线铺平其他部分，直到贴好为止。多余的部分，再剪齐修整。

(8) 修整。

壁纸上墙后，若发现局部不合质量要求，应及时采取补救措施。如纸面出现皱纹、死褶时，应趁壁纸未干，用湿毛巾轻拭纸面，使壁纸潮湿，用手慢慢将壁纸铺平，待无皱褶时，

再用橡胶滚或胶皮刮板赶压平整。如壁纸已干结，则要将壁纸撕下，把基层处理干净后，再重新裱糊。

如果已贴好的壁纸边沿脱胶而卷翘起来，即产生张嘴现象时，要将翘边壁纸翻起，检查产生的原因，属于基层有污物者，应清理干净，补刷胶液黏牢；属于胶黏剂胶性小的，应换用胶性较大的胶黏剂粘贴；如果壁纸翘边已坚硬，应使用黏结力较强的胶黏剂粘贴，还应加压黏牢黏实。

如果已贴好的壁纸出现接缝不垂直，花纹未对齐时，应及时将裱糊的壁纸铲除干净，重新裱糊。对于轻微的离缝或亏纸现象，可用与壁纸颜色相同的乳胶漆点描在缝隙内，漆膜干后一般不宜显露。较严重的部位，可用相同的壁纸补贴，不得看出补贴痕迹。

另外，如纸面出现气泡，可用注射针管将气抽出，再注射胶液贴平贴实。也可以用刀在气泡表面切开，挤出气体用胶黏剂压实。若鼓泡内胶黏剂聚集，则用刀开口后将多余胶黏剂刮去压实即可。对于在施工中碰撞损坏的壁纸，可采取挖空填补的办法，将损坏的部分割去，然后按形状和大小，对好花纹补上，要求补后不留痕迹。

(9) 养护。

壁纸在裱糊的工程中及干燥前，应防止穿堂风劲吹，并应防止室温突然变化。冬季施工应在采暖条件下进行。白天封闭通行或将壁纸用透气纸张覆盖，除阴雨天外，需开窗通风，夜晚关门闭窗，防止潮气入侵。

2. 金属壁纸裱糊

金属壁纸是室内高档装修材料，它以特种纸为基层，将　薄的金属箔压合于基层表面加工而成。有金黄、古铜、红铜、咖啡、银白等色，并有多种图案。用以装饰墙面，雍容华贵、金碧辉煌。高级宾馆、饭店、娱乐建筑等多采用。如在室内一般造型面上，适当点缀一些金属壁纸装修，更有画龙点睛之妙用(见图7-12)。

金属壁纸上面的金属箔非常薄，很容易折坏，故金属壁纸裱糊时要特别小心。基层必须特别平整洁净，否则可能将壁纸戳破，而且不平之处会非常明显地暴露出来。

1) 施工工艺

金属壁纸的施工工艺流程为：基层表面处理→刮泥子→封闭底层→弹线→预拼→裁纸、编号→刷胶→上墙裱贴→修整表面→养护。

2) 施工要点

(1) 基层要求。

阻燃型胶合板除设计有具体规定者外，应用厚9mm以上(含9mm)、两面打磨光的特等或一等胶合板。若基层为面纸石膏板，则贴缝的材料只能是穿孔纸带，不得使用玻璃纤维纱网胶带。

图7-12　金属壁纸

(2) 刮泥子。

第一道泥子用油性石膏泥子将钉眼、接缝补平，并满刮泥子一遍，找平大面，干透后用砂纸打磨平整。

第一道泥子彻底干后，用猪血料石膏粉泥子(石膏粉：猪血料=10：3，质量比)再满刮一遍。要求横向批刮，须刮抹平整和均匀，线脚及棱角等处应整齐。泥子干透后，用砂纸打磨平、扫净。第三道再满刮猪血料石膏粉泥子一遍，要求同上，但批刮方向应与第二道泥子垂直。干透后用砂纸打磨平、扫净。第四、第五道泥子同第三、第四道泥子。第五道泥子磨平、扫净后，须用软布将全部泥子表面仔细擦净，不得有漏擦之处。

(3) 刷胶。

壁纸润湿后立即刷胶。金属壁纸背面及基层表面应同时刷胶。胶黏剂应用金属壁纸专用胶粉配制，不得使用其他胶黏剂。刷胶注意事项如下：

金属壁纸刷胶时应特别慎重，勿将壁纸上金属箔折坏。最好将裁好浸过水的壁纸，一边在其背面刷胶，一边将刷过胶的部分(使胶面朝上)卷在未开封的发泡壁纸筒上(因发泡壁纸筒未曾开封，故圆筒上非常柔软平整)，不致将金属箔折坏。但卷前一定将发泡壁纸筒扫净擦净。刷胶应厚薄均匀，不得漏刷、裹边和起堆。基层表面的刷胶宽度，应较壁纸宽出30mm左右。

(4) 上墙裱贴。

裱糊金属壁纸前须将基层再清扫一遍，并用洁净软布将基层表面仔细擦净。

金属壁纸可采用对缝裱糊工艺。金属壁纸带有图案，故须对花拼贴。施工时两个人配合操作，一人负责对花拼缝，一人负责手托已上胶的金属壁纸卷，逐渐放展，一边对缝裱贴，一边用橡胶刮子将壁纸刮平。刮时须从壁纸中部向两边压刮，使胶液向两边滑动而使壁纸裱贴均匀。刮时应注意用力均匀、适中，以免刮伤金属壁纸表面。

刮金属壁纸时，如两幅壁纸之间有小缝存在，则用刮子将后粘贴的壁纸向先粘贴的壁纸一边轻刮，使缝逐渐缩小，直至小缝完全闭合为止。

3．锦缎裱糊

锦缎作为“墙布”来装饰室内墙面，在我国古建筑中早已采用。锦缎柔软光滑，极易变形，不易裁剪，故很难直接裱糊在各种基层表面。因此，必须先在锦缎背面裱一层宣纸，使锦缎硬朗挺括一会儿再上墙。

1) 施工工艺

锦缎裱糊施工工艺流程为：基层表面处理→刮泥子→封闭底层、涂防潮底漆→弹线→锦缎上浆→预拼→裁剪、编号→刷胶→上墙裱贴→修整墙面→涂防虫涂料→养护。

2) 施工要点

(1) 锦缎上浆。

将锦缎正面朝下、背部朝上，平铺于大“裱案”(裱糊案子是字画裱糊时的专用案子)上，并将锦缎两边压紧，用排刷沾“浆”从锦缎中间向两边刷浆。刷浆(又名上浆)时应涂刷得非常均匀，浆液不宜过多，以打湿锦缎背面为准。“浆”的用料配合比如下：

面粉：防虫涂料：水=5：40：20(质量比)。

面粉须用纯净的高级面粉，越细越好，防虫涂料可购成品。

上列用料按质量比配好后，仔细搅拌，直至拌成稀薄适度的浆液为止(水可视情况加温水)。

(2) 锦缎裱纸(俗称托纸)。

在另一大“裱案”上，平铺上等宣纸一张(宣纸幅宽须较锦缎幅宽宽出100mm左右)，用水打湿后将纸平贴于案面上，以刚好打湿宣纸为宜。宣纸平贴于案面，不得有褶皱之处。

从第一张裱案上，由两人合作，将上好浆的锦缎从案上揭起，使浆面朝下，仔细粘裱于打湿的宣纸之上。然后用牛角刮子(系裱纸的专用工具，亦有用塑料刮子者)从锦缎中间向四边刮压，以使锦缎与宣纸粘贴均匀。刮压时用力须恰当，动作须不紧不慢，恰到好处，以免将锦缎刮褶刮皱或刮伤。

待宣纸干后，可将裱好的锦缎取下备用。

(3) 裁纸、编号。

锦缎属高档装修材料，价位较高，裱糊困难，裁减不易，故裁剪时应严格要求，避免裁错，导致浪费。同时为了保证锦缎颜色、花纹一致，裁剪时应根据锦缎的具体花色、图案及幅宽等仔细设计，认真裁剪。裁好的锦缎片子(俗称“开片”)，应编号备用。

(4) 刷胶。

锦缎宣纸底面与基层表面应同时刷胶，胶黏剂可用专用胶粉。刷胶时应保证厚薄均匀，不得漏刷、裹边和起堆。基层上的刷胶宽度比锦缎宽30mm。

(5) 涂防虫涂料。

因为锦缎为丝织品易被虫咬，故表面必须涂防虫涂料。

(6) 其他施工工序。

其他施工工序同一般壁纸。

7.3　软包装饰工程构造与施工工艺

1．软包装饰工程基本构造

软包墙面的构造基本上可以分为底层、吸声层和面层三大部分。不论哪一个部分，均必须采用防火材料。

1) 底层

软包墙面的底层要求平整度好，有一定的强度和刚度，多用阻燃性胶合板。因胶合板质轻，易于加工，成形随意、施工方便。

2) 吸声层

软包墙面的吸声层，必须采用质轻不燃多孔材料，如玻璃棉、超细玻璃棉、自熄型泡沫塑料等。

3) 面层

软包墙面的面层，必须采用阻燃型高档豪华软包面料，如各种人造革和装饰布(见图7-13、图7-14)。

2．软包装饰工程一般施工工艺

1) 无吸声层软包墙面

施工工艺：

无吸声层软包墙面的施工工艺流程为：墙内预留防腐木砖→抹灰→涂防潮层→钉木龙骨→墙面软包(见图7-15、图7-16)。

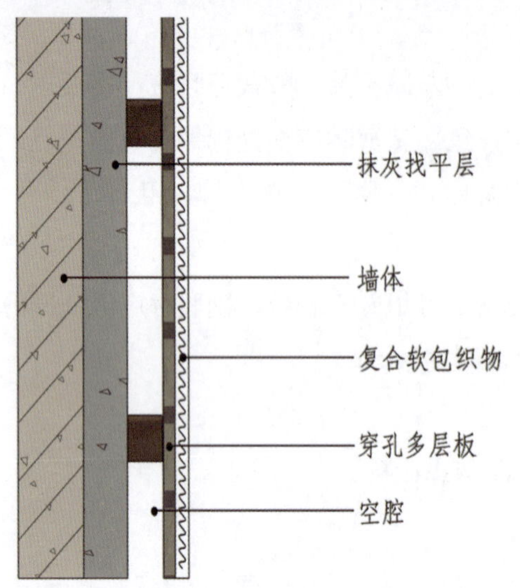

图7-13　吸声软包墙面构造

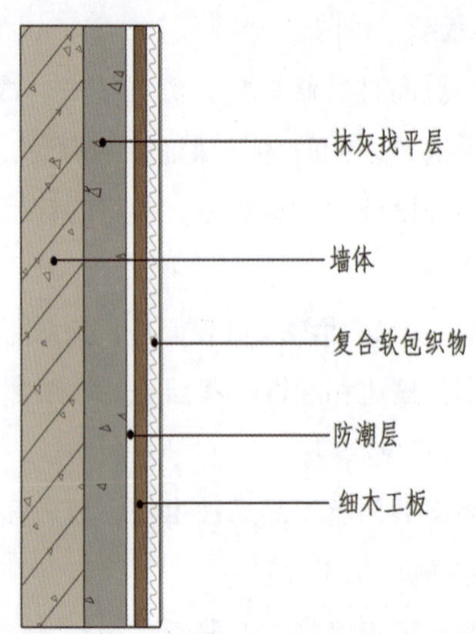

图7-14　普通软包墙面构造

图7-15　无吸声软包1

图7-16　无吸声软包2

(1) 墙内预留防腐木砖。砖墙在砌筑时或混凝土墙、大模板混凝土墙在浇筑时在墙内预埋60mm×60mm×120mm防腐木砖，沿横、竖木龙骨中心线。每中距400~600mm一块(或按具体设计)(横竖木龙骨间距均为400～600mm，双向)。

(2) 墙体抹灰。详见抹灰工程。

(3) 墙体表面涂防潮层。在找平层上满涂3～4mm厚防水建筑胶粉防潮层一道，须三遍成活，并须涂刷均匀，不得有厚薄不均及漏涂之处。

(4) 钉木龙骨。30～40mm横、竖木龙骨，正面刨光，背面刨防翘凹槽一道，满涂氟化钠防腐剂一道，防火涂料三道，中距400～600mm(双向或按设计要求)，钉于墙体内预埋防腐木砖之上，龙骨与墙面之间如有缝隙之处，须以防腐木片(或木块)垫平垫实。全部木龙骨安装时必须边钉边找平，各龙骨表面必须在同一个平面上，不得有凸出、凹进、倾斜、不平之处。整个墙面的木龙骨安装完毕后，应进行最后检查、找平。

(5) 墙面软包。软包墙面底层做法：将8～12mm后阻燃型胶合板按墙面横、竖龙骨中心间距(一般为400～600mm设计要求)锯成方块(或矩形块)并将其平行于竖龙骨的两条侧边，整板满涂氟化钠防腐剂一道，涂后将板编号存放备用。

软包墙面面层裁剪。将面层按下列尺寸裁成长条：

横向尺寸=竖龙骨中心间距+50mm；

竖向尺寸=软包墙面高度+上、下端压口长度之和。

软包墙面施工。将胶合板底层就位，并将裁好的面料平铺于胶合板上，面料拉紧，用沉头木螺钉或圆钉将面料压钉于竖向木龙骨上，并将胶合板其余两条直边，直接钉于横向木龙骨上。所有钉须沉入胶合板表面以内，钉孔用油性泥子嵌平，钉距为80～150mm。

胶合板底层及软包面料钉完一块，继续再钉下一块，直至全部钉完为止。

收口。软包墙面上、下两端或四周，用高级金属饰条(如钛金饰条、8K不锈钢饰条等)或其他饰条收口。

检查、修理。全部软包墙面施工完毕后，须详加检查。如有面料褶皱、不平、松动、压缝不紧或其他质量问题，应加以修理。

2) 有吸声层软包墙面

施工要点：

有吸声层软包墙面的施工工艺流程为：墙内预留防腐木砖→抹灰→涂防潮层→钉木龙骨→固定吸声材料或造型板上固定吸声材料→包饰面材料。

(1) 软包墙面底层制作同无吸声层。

(2) 软包墙面吸声层制作，根据设计要求，可采用玻璃棉、超细玻璃棉或自熄型泡沫塑料等，按设计要求尺寸，裁制成方形(或矩形)吸声块存放备用。

(3) 软包墙面面层裁剪：

横向尺寸=竖龙骨中心间距+吸声层厚度+50mm；

竖向尺寸=软包墙面高度+吸声层厚度+上、下端压口长度之和。

(4) 软包墙面施工。将裁好的胶合板底层按编号就位，将制好的吸声块平铺于胶合板底层之上，将裁好的面料铺于吸声块上，并将面料紧绷，用钉将面料压钉于竖向木龙骨上，并将胶合板其余两条直接钉于横向木龙骨上。所有钉头，须沉入胶合板表面以内，钉孔用油性泥子腻平，钉距80～150mm，所有吸声层须铺均匀、包裹严密，不得有漏铺之处。胶合板及面料压紧钉牢后，再在四角处加钉镜面不锈钢大帽头装饰钉一个。胶合板底层、吸声层及软包面料钉完一块，继续再钉下一块，直至全部钉完为止。

(5) 收口。同无吸声层做法。

复习题

1. 简述裱糊装饰工程与软包装饰工程的构造原理。
2. 简述金属壁纸的施工工艺要点。
3. 简述锦缎壁纸的施工工艺要点。
4. 简述有吸声层软包装饰工程的构造原理。

第8章

室内装饰构造设计及施工案例

模块概述：

室内装饰工程与构造是一门涉及面广、系统性强、专业技术含量高、实践性强的综合性技术课程。除了理论知识的学习之外还要进行必要的实践环节的训练。本教材前七章将室内装饰中涉及的主要构造作为学习的理论基础进行了详细介绍，本章将其中常见的装饰构造的构造方法及施工工艺在实际工程案例中的应用进行详细分析介绍，希望学生能够将理论与实践紧密联系起来，把装饰构造中的各个界面的衔接处理与施工的每一个环节都融入整体的设计环节中，培养学生学会以一种整体意识进行设计和学习的观念。

学习目标

通过本章的学习，培养学生对于室内装饰构造与施工知识结构的整体学习意识及系统性的设计观念，并在实际的操作中能将理论知识转化为综合的设计能力。

教学重点

1. 抹灰工程的构造与施工工艺流程案例分析。
2. 块材铺贴工程的构造与施工工艺流程案例分析。
3. 顶棚造型构造与施工工艺流程案例分析。
4. 背景墙软包造型构造与施工工艺流程案例分析。

技能目标

1. 了解并掌握室内装饰中常见的装饰构造方法的基本构造原理。
2. 了解并掌握室内装饰中常见的构造方法的基本施工工艺。
3. 能够将一般规律的装饰构造方法在实践中转化为综合的运用能力。

建议学时：4学时

8.1 项目方案设计的整体流程与协调

一个完整的室内设计方案根据设计的进程通常分为以下四个阶段(见图8-1)。

1．设计策划准备阶段

设计策划准备阶段的主要工作包括如下几个方面。

(1) 接受委托任务书，签订合同，或者根据标书要求参加投标，明确设计期限并制定设计计划进度安排。

(2) 考虑各有关工种的配合与协调，室内设计一般涉及的工种有水电工、瓦工、木工、泥水工，油漆工等。

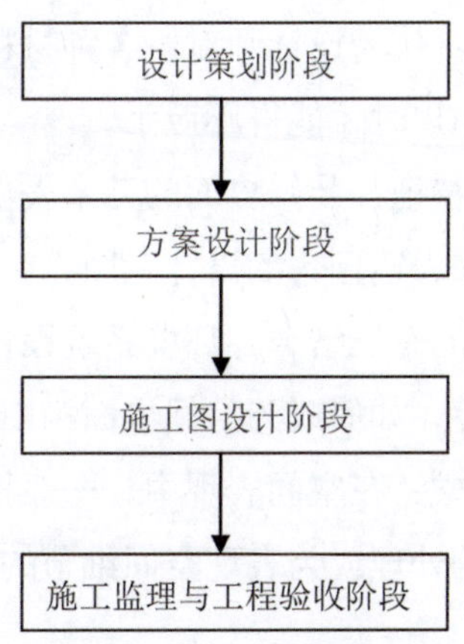

图8-1　项目方案设计流程

(3) 明确设计任务和要求，如室内设计任务的使用性质、功能特点、设计规模、等级标准、总造价，根据任务的使用性质所需创造的室内环境氛围、文化内涵或艺术风格等。

(4) 熟悉设计有关的规范和定额标准，收集分析必要的资料和信息，包括对现场的调查踏勘以及对同类型实例的参观等。在签订合同或制定投标文件时，还包括设计进度安排、设计费率标准，即室内设计收取业主设计费占室内装饰总投入资金的百分比。

2．方案设计阶段

方案设计阶段是在设计准备阶段的基础上，进一步收集、分析、运用与设计任务有关的资料与信息，构思立意，进行初步方案设计、深入设计，进行方案的分析与比较。方案设计阶段主要内容包括方案构思、方案深化、绘制图纸、方案比较、确定四个阶段。确定初步设计方案，提供设计文件。室内初步方案的文件通常包括以下内容：

(1) 平面图，常用比例1：50，1：100。

(2) 室内立面展开图，常用比例1：20，1：50。

(3) 平顶图或仰视图，常用比例1：50，1：100。

(4) 室内透视图。

(5) 室内装饰材料实样板面。

(6) 设计意图说明和造价概算。

初步设计方案需经审定后，方可进行施工图设计。

3．施工图设计阶段

施工设计阶段主要工作由三部分组成，即修改完善设计方案、与各相关专业协调、完成装饰设计施工图。施工图是设计人员施工时的依据，装饰设计施工图完成后，各专业须相互校对，经审查无误后，才能作为正式施工的依据。 施工图设计需要把握的重点主要表现在以下四个方面。

(1) 不同材料类型的使用特征：作为设计师对于各种材料的基本特性、规格尺寸、最佳表现方式应做到心中有数，这样在运用时才能得心应手。

(2) 各种材料连接方式的构造特征：装修界面的艺术表现与材料构造的连接方式有着必然的联系，可以充分利用构造特征来表达预想的设计意图。

(3) 环境系统设备与空间构图的有机结合：环境系统设备部件如灯具款式、空调风口、采暖设备的造型、管道走向的设计等，如何成为空间界面构图的有机整体。

(4) 界面与材料过度的处理方式：在空间表现中，一般棱角分明的造型会引起人的注意，所以，空间界面转折与材料过度的处理成为表现空间细节的关键。

4．施工监理与工程验收阶段

室内工程在施工前设计人员向施工单位进行设计意图说明及图纸的技术交底。工程施工期间需按图纸要求核对施工实况，有时还需根据现场实况提出对图纸的局部修改或补充。大、中型工程需要进行监理，由监理机构进行施工的进度、质量和进度控制。施工结束后，会同质检部门和建设方进行工程验收。为了使设计取得预期效果，室内设计人员必须抓好设计各阶段的环节，充分重视设计、施工、材料、设备等各个方面，并熟悉、重视与原建筑物的建筑设计、设施设计的衔接，同时还须协调好与建设单位和施工单位之间的相互关系，在设计意图和构思方面取得沟通与共识，以期取得理想的设计工程成果。

8.2 装饰构造案例分析

当我们了解了室内装饰构造与方案设计与施工的一般关系后，我们又学习了一个完整的室内设计所需要的流程，接下来通过一个办公空间的现场施工过程性照片，对一些常用构造及新材料的构造，按照施工的一般程序进行详细介绍。

本方案是一座共17层的办公空间中的一个样板间设计，该样本间总面积800多平方米，设计要求该层办公空间功能上要有员工办公区、客户接待区、业务洽谈区及经理办公室等5个大的区域。下面就是以上面样板间的五大区域中地面、墙面、背景墙、顶棚等的装饰构造与施工流程为案例进行的分析介绍。

8.2.1 抹灰工程构造与施工工艺流程案例分析

抹灰是将各种砂浆、装饰性水泥石子浆等涂抹在建筑物的墙面、地面、顶棚等表面上。它是最直接也是最初始的装饰工程。一般应遵循“先室外后室内、先上面后下面、先顶棚后墙面”的原则。一般抹灰的构造为：底层—中层—面层。其施工工艺为：基层处理→做灰饼、冲筋→抹底层灰→抹中层灰→抹罩面灰。

1．抹灰前的注意事项及准备工作

主体结构验收是否合格，水电预埋管线、配电箱外壳等安装是否正确，水暖管道是否做过压力试验，门窗框是否安装和安装是否牢固，是否预留有空间以及进行保护，墙体基础是否处理干净、是否平整并洒水润湿，其他相关设施是否安装和保护(见图8-2、图8-3)。

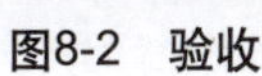

图8-2 验收

图8-3 基层处理

2．做灰饼、标筋

操作应保证其平整度和垂直度。施工中常用的手段是做灰饼和标筋。做灰饼是在墙面的一定位置上抹上砂浆团，以控制抹灰层的平整度、垂直度和厚度。标筋(也称冲筋)是在上下灰饼之间上抹浆带，同样起控制抹灰层平整度和垂直度的作用(见图8-4、图8-5、图8-6)。

3．抹底层灰

抹底层灰先配好灰料，然后用托灰板盛砂浆，用力将砂浆推抹到墙面上，一般应从上而下进行。在两标筋之间抹满后，即用刮尺从上而下进行刮灰，使底层灰刮平刮实并与标筋面相平。操作中用木抹子配合去高补底，最后用铁抹子压平(见图8-7、图8-8、图8-9)。

4．抹中灰层

底灰层七八成干时即可抹中灰层。操作时一般按自上而下、从左向右的顺序进行(见图8-10)。

图8-4　贴标志块

图8-5　墙面贴标志块

图8-6　做标筋

图8-7　配料

图8-8　涂抹

图8-9　刮实

5．抹面灰层

在中灰层七八成干后即可抹面罩灰。先在中灰层上洒水，然后将面层砂浆分遍均匀抹涂上去，一般也应该按从上而下、从左向右的顺序。抹满后用铁抹子分遍压实压光。铁抹子各遍的运行方向应相互垂直，最后一遍宜竖直方向(见图8-11)。

图8-10　抹中灰层

图8-11　抹面灰层

8.2.2　块材铺贴工程构造与施工工艺流程案例分析

常见的块材铺贴工程一般分两种情况：一种是地面块材铺贴，另一种是墙面块材铺贴。由于块材材料规格、尺寸不同及设计要求不同，其构造与施工工艺也不尽相同。目前设计中对于薄质块材常采用的一种构造与施工方法就是铺贴或直接粘贴的方式。

1．地面块材材料的铺贴构造与施工

地面块材材料的铺贴构造原理为：基层(结构层)→附加层(管道敷设或功能层)→结合层(找平层)→面层(见图8-12)。其施工工艺为：基层清洗→弹线→试拼、试铺→板块浸水→扫浆→铺水泥砂浆结合层→铺板→灌缝、擦缝。

1) 基层清理

基层应平整、清洁，不能有油污、落地灰，特别不要有白灰、砂浆灰，不能有渣土。清理干净后，在抹底子灰前应洒水润湿(见图8-13)。

2) 弹线

根据设计要求，确定平面标高位置，并弹在四周墙上，再在四周墙上取中，在地面上弹出十字中心线，按块材的尺寸加预留缝放样分块。在十字线交点处对角安放两块标准块，并用水平尺和角尺校正。铺板时依标准和分块位置，每行依次挂线，此挂线起到面层标筋的作用(如图8-14、图8-15)。

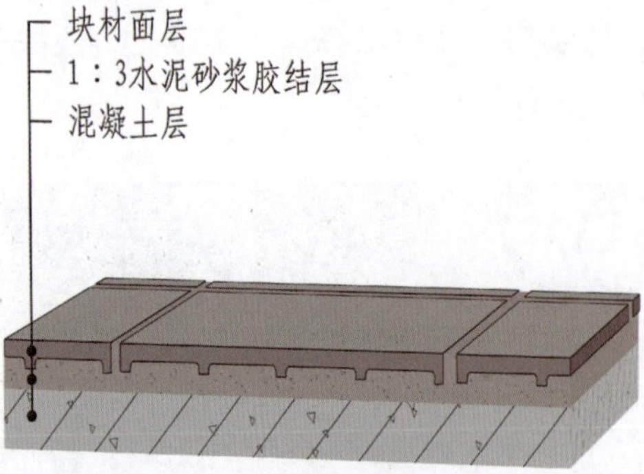

块材面层
1：3水泥砂浆胶结层
混凝土层

图8-12 地面块材材料构造

图8-13 基层清理

图8-14 定位弹线位置

图8-15 地面挂线(拉线)

3) 试拼、试铺、切割

在正式铺设前，对每一房间的块材应按图案、颜色、纹理进行试拼。试拼后按两个方向编号排列，然后按编号码放整齐，以便对号入座，使铺设出来的楼地面色泽美观、一致。对于地面上有插座或必须开空洞的地方，需在板材上事先量好尺寸并开孔备用(见图8-16、图8-17、图8-18)。

4) 浸水润湿

一般块材材料在铺贴前应先浸水润湿，阴干后擦干净板背的浮尘方可使用。铺板时，板块的底层以内潮外干为宜。

5) 铺水泥砂浆结合层

铺结合层时，摊铺砂浆长度应在1m以上，宽度应超出块材宽度20～30mm，铺浆厚度为10～15mm，虚铺砂浆厚度应比标高线高出3～5mm，砂浆由里向外铺抹，然后用木刮尺刮平、拍实(见图8-19)。

图8-16 试拼

图8-17 切割

图8-18 试铺

图8-19 铺水泥砂浆结合层

6) 铺板

铺贴时，要将板块四角同时平稳落下，对准纵横缝后，用橡皮锤(木锤)轻敲振实，并用水平尺找平，锤击板块时注意不要敲砸边角，也不要敲打已铺贴完毕的板块，以免造成空鼓(见图8-20)。

7) 灌缝

铺板完成2天后，经检查板块无断裂及空鼓现象后，方可进行灌缝(见图8-21)。

2．墙面块材材料的铺贴构造与施工

随着新材料技术的发展，现已出现许多新型强力胶，有水溶性胶、水乳型胶、改性橡胶类胶、双组分环氧系胶及建筑胶粉等。采用这种黏胶剂用量少、强度大、施工方便，块材板材无须用水浸泡，采用板材面色一致的彩色胶黏剂，无须填缝，使施工效率大大提高。

图8-20 铺板

图8-21 完成图

墙面块材材料的铺贴构造原理为：基层→找平层→面层(见图8-22)。其施工工艺为：墙面修整→弹线→石材背面清理→调胶→石板黏结点涂胶→镶装板块调整→嵌缝→清洗。

(1) 基层处理。该施工方法简单，但对基层平整度要求较高，因基面的平整度直接影响面板的平整度。

(2) 板材切割及修边、倒角处理。板材铺贴顺序一般从底层开始往上铺贴，最底层板材铺贴好后在没有完全粘贴牢固前应在板材底部添加垫木，以保证板材铺贴的水平平整度。如有需要预留空洞的板材应该事先进行切割，为了达到预期效果板材需要进行修边倒角处理(见图8-23、图8-24、图8-25)。

(3) 胶料选用。目前施工中一般都采用进口胶料，这种新型强力胶分快干型、慢干型两类。一般分为A、B双组，现场调制使用。由于胶的粘贴质量是施工质量的根本保证，因此要严格按产品说明书进行配置，均匀混合，调制一般在木板上进行，随调随用。通常胶的有效时间在常温45分钟。本案例中采用的是结构胶、云石胶及A、B胶(见图8-26)。

(4) 粘贴方法。粘贴时将调好的胶料分点状(5点)或条状(3条)在石板背面涂抹均匀，厚度10mm，根据已弹好的定位线将板材直接粘贴到墙面上，随后对粘贴点、线检查是否粘贴可靠，必要时加胶补强。当石板镶贴高度较高时，应增加辅助加固措施(见图8-27～图8-31)。

图8-22　构造图

图8-23　倒角

图8-24　修边

图8-25　切割

图8-26　石材胶图片

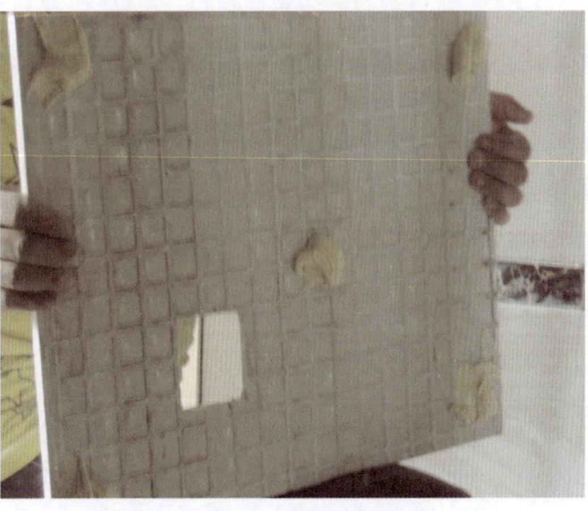

图8-27　板材背面点式涂胶

图8-28 板材上墙时对齐电线预留口

图8-29 板材上墙铺贴

图8-30 板材上墙用专业卡子二次固定

图8-31 完成图

8.2.3 顶棚造型构造与施工工艺流程案例分析

顶棚装饰是目前室内环境装饰中必不可少的装饰环节。下面的施工案例是我们室内装饰构造中最为常见的一种常规性的顶棚造型构造施工工艺流程。通过本案例的学习，使学生掌握顶棚装饰构造的一般构造原理及其施工工艺。其构造原理为：首先将木龙骨固定在吊顶造型线上，然后再沿木龙骨四周贴钉纸面石膏板，四周贴钉好纸面石膏板后再将事先按照尺寸切割好的纸面石膏板进行封底，封底之后再在封底的纸面石膏板的四周贴订木龙骨，最后沿着木龙骨四周进行封边。其施工工艺为：基层处理→弹线→钉木龙骨→贴钉纸面石膏板(如果有灯具，需要固定出灯具的吊点)→纸面石膏板封底→纸面石膏板上贴钉木龙骨→再次封边→罩面层材料→铺设灯带→验收。

(1) 基层处理。对顶棚基层首先进行清理工作，保证顶棚面整洁，无污垢、浮土、油渍等(见图8-32)。

(2) 弹线。在顶棚上弹出顶棚装饰构造外轮廓线、木龙骨固定线，如果有灯具，还要弹出顶棚灯位线(见图8-33)。

(3) 钉木龙骨。按照设计要求固定木龙骨，木龙骨的应用应符合设计要求(见图8-34)。

图8-32　基层处理

图8-33　弹线

(4) 贴钉纸面石膏板。现在纸面石膏板上刷涂乳胶，然后再用射钉枪将其固定到木龙骨上(见图8-35～图8-37)。

(5) 加固固定灯具的吊点(见图8-38)。

(6) 纸面石膏板封底(见图8-39)。

(7) 纸面石膏板上贴钉木龙骨(见图8-40)。

(8) 将涂好乳胶漆的纸面石膏板用射钉枪固定到木龙骨上进行二次封边(见图8-41～图8-43)。

(9) 铺钉面层材料(见图8-44)。

(10) 安装灯具(见图8-45)。

图8-34　钉木龙骨

图8-35　涂乳胶

图8-36　固定纸面石膏板

图8-37　固定其余石膏板

图8-38　加固固定灯具的吊点

图8-39　纸面石膏板封底

图8-40　纸面石膏板上固定木龙骨

图8-41　木龙骨上固定石膏板进行二次封边

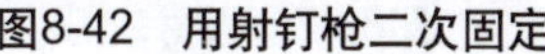

图8-42　用射钉枪二次固定

图8-43　封边完成图

图8-44　铺涂刷面层材料

图8-45　安装灯具

8.2.4　软包背景墙造型构造与施工工艺流程案例分析

软包装饰工程是指在室内墙表面用柔性材料加以包装的一种墙面装饰方法。它所使用的材料质地柔软，色彩柔和，能够柔化整体空间氛围，其纵深的立体感亦能提升空间档次。本案例是一办公空间接待台软包背景墙的施工流程图解分析。通过本案例的图解分析学习能够使学生掌握目前软包装饰的一般构造原理及其施工工艺流程(见图8-46 ～图8-56)。

图8-46 基层清理

图8-47 板材裁剪

图8-48 造型黏接、打磨

图8-49 面层材料裁剪

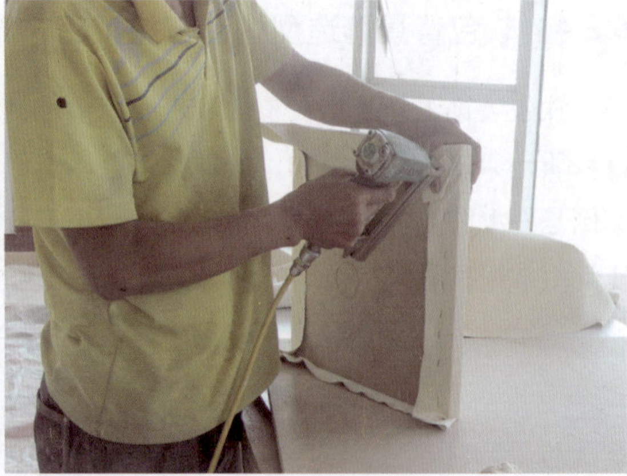

图8-50 面层材料与基层板固定

图8-51　如果是吸音软包墙面需要裁剪海绵并将其包裹在面层材料与造型板之间并进行固定

图8-52　固定完毕

图8-53　软包造型板背面涂胶

图8-54　固定造型板

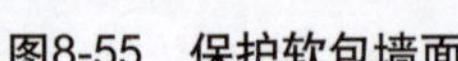

图8-55 保护软包墙面

图8-56 完成图

8.2.5 钢结构骨架隔墙构造与施工工艺流程案例分析

隔墙是由轻质块材或由骨架和板材组合而成的，具有一定功能或装饰作用的非承重建筑构件，是使用者根据需求对建筑内部进行二次划分空间的重要手段。隔墙依其构造方式可分为砌块式隔墙、骨架式隔墙、板材式隔墙三类。其中骨架隔墙是建筑竣工后室内空间改造最常采用的分隔形式，在室内装修中较为普遍，具有自重轻、刚度好、墙身薄，能有效提高平面利用系数，增加使用面积、拆装方便、施工灵活等优点。

骨架隔墙中常采用的骨架有木龙骨骨架和轻金属龙骨骨架，除此之外，钢结构的骨架隔墙由于自身的特点也被广泛应用。例如，一般在空间跨度较大、高度较高时可部分采用或全部采用钢结构的骨架隔墙，以增加隔墙稳固性。下面就结合钢结构骨架隔墙的实际工程案例进行分析介绍其构造原理及一般施工工艺流程。

钢结构骨架隔墙的构造原理及施工工艺概述为：定位、弹线、墙基施工—后置预埋件—安装并焊接沿地、沿顶、沿墙龙骨—焊接、安装竖龙骨—固定各种洞口及门、窗框—安装一侧基层面板—安装墙内管线—填充隔声保温材料—安另一侧基层面板—抄平、修整—接缝及护角处理—连接固定设备及电器—隔墙顶部处理及踢脚处理—饰面。

(1) 隔墙弹线定位(见图8-57)。

根据设计施工图，在墙、顶、地面放出隔墙位置线、门窗洞口边框线。

(2) 检查预埋件或后置。

(3) 固定、焊接沿地、沿顶、沿墙龙骨。

在沿地、沿顶弹线位置安装方钢作为龙骨，方钢的上、下两端均与预埋板焊接连接，或用电钻打眼塞膨胀螺栓连接(预埋板与楼板结构层连接固定)，而后安装、焊接竖龙骨，形成骨架(见图8-58至图8-61)。

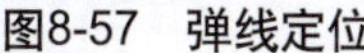

图8-57　弹线定位

图8-58　固定、焊接沿墙、沿顶龙骨

图8-59　安装、焊接竖向龙骨

图8-60　焊接其他沿墙、沿顶龙骨

(4) 安装上板。

基层板一般采用纸面石膏板，安装时应先安装一侧，并采取横位铺设。板材接缝应落在横龙骨上，上、下板材应错缝铺设，石膏板错缝铺设后用自攻螺钉进行固定，螺钉间距为150～170mm，螺钉与板边缘的距离应为10～15mm(见图8-62、图8-63)。

(5) 根据设计要求安装墙体内防火、隔声、防潮填充材料，如吸音棉等(见图8-64)。

(6) 安装墙体另一侧纸面石膏板。安装方法与第一侧纸面石膏板相同，其接缝应与第一侧面板错开(见图8-65)。

(7) 涂刷罩面材料(见图8-66)。

图8-61　龙骨安装、焊接完毕

图8-62　固定一侧纸面石膏板

图8-63　板材错位铺定

图8-64　填充玻璃棉

图8-65　固定另一侧纸面石膏板

图8-66　涂刷饰面材料

8.2.6　复合木地板构造与施工工艺流程案例分析

复合木地板是近年来使用较为普遍的地面铺装材料，它具有强度高、耐磨性好、易于清理的优点。复合木地板对空间湿度有一定的要求，不易使用在卫生间、厨房等湿度大的空间。其构造原理及施工工艺概述为：基层找平及清理→铺防潮层→切割木地板→试铺→正式铺→安装踢脚线→收口处理→保养。

1) 基层找平及清理

地面高低不平处应预先用聚合物水泥砂浆填嵌找平，做到无凹坑、麻面、裂缝，平整。低层地坪，要进行防水处理，条件允许时，用自流平水泥将地面找平为佳。找平之后进行清理工作，保证地面干净、无杂质(见图8-67、图8-68)。

图8-67　基层找平

图8-68　基层清理

2) 铺防潮层

待地面完全干燥后铺设防潮层。如房间基层自身不能防潮，应铺一层防水聚乙烯薄膜作防潮层，用胶黏剂点涂固定在基底上，防水膜接口应相互搭接200mm。如果是实铺式木地板，所铺设的油毡防潮层必须与墙身防潮层连接(见图8-69)。

3) 切割木地板板材

根据地面铺装图纸，并结合房间的具体尺寸，对不符合模数的板材进行现场切割。切割后进行镶补，并应用胶黏剂加强固定(见图8-70)。

4) 木地板铺装

首先，应试铺。不涂胶水，先铺地板底布，底布铺展方向与地板的条向相垂直。第一块板两边凹槽要面对两面墙，边与两面墙之间应留1.5cm。其方法可以在板与墙之间填1.5cm宽的木块等其他物，随后沿条向，利用木地板凹槽与榫的结构，将两块板相接，铺设两行，没有问题开始正式铺设。正式铺的方向应从房间内退着往外铺设，从墙的一边开始，靠墙的一块板应与墙面留有10mm 左右的伸缩缝，以利通风，防止地板变形，之后逐块排紧。板间应满涂胶，挤紧后溢出的胶要立刻擦净(见图8-71、图8-72、图8-73)。

图8-69　铺设垫层

图8-70　加工板材

图8-71　木地板铺设

图8-72　板缝处理

5) 木地板加固

为使板缝相互贴紧，要用专用工具，如木帽、连系钩及木楔夹紧板缝，使两块板结合严密、平整，不留缝隙。如图8-74所示，利用专业工具从横向加固木地板；而图8-75所示的则是以木块衬垫，用小铁锤轻敲，从纵向加固木地板。

图8-73　墙体与板材之间留伸缩缝

图8-74　板材横向加固

6) 木地板收边

当安装到末块板或末行板时，采用收口条进行收口处理，如图8-76所示；如果与其他材质衔接，可采用金属压条进行封口，如图8-77所示。

图8-75　板材纵向加固

图8-76　收口处用专用工具紧固

7) 安装木踢脚

第一步，应对墙面进行平整、清理，保证踢脚板能够贴紧墙面。第二步，在墙面弹出踢脚板上口水平线，在安装位置，每隔400mm打入木楔或PVC楔，用气动打钉枪将踢脚板直接钉在木楔上；在木踢脚板与地板交角处，可钉三角木条以盖住缝隙，如果是配套的踢脚板贴盖，可直接装饰；踢脚板的阴阳角交角处应切割成45°拼装(见图8-78、图8-79)。

8) 完成(见图8-80)

图8-77 与石材衔接收口

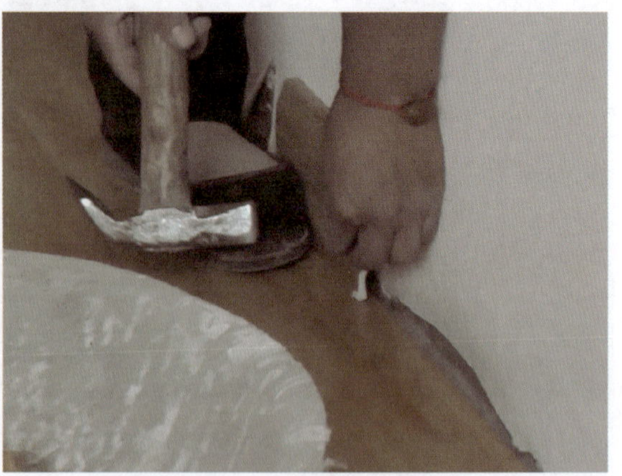

图8-78 安装踢脚线

图8-79 踢脚线阴角处理

图8-80 完成图

8.2.7 镜面背景墙构造与施工工艺流程案例分析

镜面本身因为其高折射率，能够很好地提高空间的整体亮度，在一些光线不好的空间非常适合采用镜面作为墙面的处理手段；同时镜子的反射作用具有改变空间尺度的效果，往往会从视觉角度扩大空间尺度；除了上述两点之外，科技发展带来了镜子多样性变化，使得镜面墙面能很好地增加空间的亮点。

镜面背景墙构造原理及施工工艺一般流程概述为：清理基层→弹线→钉木龙骨骨架→铺钉衬板→粘贴、固定玻璃或镜子。

1) 基底处理

镜面背景墙制作施工，首先应对墙面进行基本的处理，刮清泥子与批灰，做到墙面平整、干净、无灰尘或沙土，并涂好防潮层。

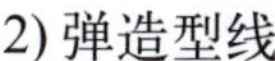

2) 弹造型线

3) 固定木龙骨

根据造型线，固定木龙骨。如果背景墙面设计有凹龛造型，那就需要根据图纸在凸起的部分先搭建木龙骨框架，无承重、无造型的部分可直接裁大芯板，有造型的部分加用50mm × 50mm木方，以增强稳固性(见图8-81、图8-82)。

图8-81　弹造型线

图8-82　按照提前弹好的造型线固定木龙骨

4) 铺钉衬板

为使镜面或玻璃装饰面板安装牢固且平整，可选择一面大芯板覆盖基层，整体紧贴墙壁效果平整；如果有造型设计，可将大芯板(9mm板)根据造型进行现场切割，并用气钉固定于木龙骨上，要求钉位均匀安装牢固(见图8-83至图8-86)。

5) 固定镜面或玻璃

将大芯板打底后，接下来粘贴玻璃板。根据设计画出粘贴区域，贴上泡沫双面胶，然后用玻璃胶将定制好的镜片安第一片做起点沿着铺完，粘贴于大芯板上。使用玻璃胶固定只适用于小面积的玻璃安装，如图8-87所示，粘贴菱形车边镜，每一块的面积较小，粘贴比较牢固；如果是体积重量较大的玻璃件，可根据情况追加镜钉，或使用钢夹、钉卯等保证安装牢固，或使用硬木、塑料、金属等材料的压条压住玻璃。

6) 镜面包边处理

镜面包边一般有两种情况，一是镶嵌在凹槽里的，外面用玻璃胶收边；二是用白色不锈钢条、石膏线、镜框线收边。

7) 完成图

图8-83　按照造型剪大芯板

图8-84　固定大芯板

图8-85　侧面固定大芯板

图8-86　大芯板固定完毕

图8-87　固定镜面式玻璃

复习题

1. 了解室内装饰构造的系统性原则，深入分析装饰构造与设计系统的关系。
2. 考察施工现场或设计空间，分析某一特定场所的室内装饰构造。
3. 收集整理一到两种新材料的构造方法进行分析。

参 考 文 献

[1] 赵研. 建筑构造[M]. 北京：中国建筑工业出版社，2007.

[2] 闫立红. 建筑装饰识图与构造[M]. 北京：中国建筑工业出版社，2006.

[3] 李宪锋. 建筑装饰构造[M]. 北京：理工大学出版社，2008.

[4] 严金楼. 建筑装饰施工技术与管理[M]. 中国电力出版社，2004.

[5] 王萱. 建筑装饰构造[M]. 北京：化学工业出版社，2007.

[6] 王英钰. 现代室内装饰构造与实训[M]. 辽宁美术出版社，2005.

[7] 李捷. 建筑装饰设计[M]. 武汉：武汉理工大学出版社，2007.

[8] 王汉立. 建筑装饰构造[M]. 武汉：武汉理工大学出版社，2007.

[9] 张若美. 建筑装饰施工技术[M]. 武汉：武汉理工大学出版社，2007.

[10] 贺道明. 建筑装饰专业综合实训[M]. 武汉：武汉理工大学出版社，2007.

[11] 高祥生. 室内装饰装修构造图集[M]. 北京：中国建筑工业出版社，2011.

[12] 杨小军. 电脑图像与摄影应用[M]. 北京：中国摄影出版社，1999.